人生，体验而已

life experience

李尚龙 /著

图书在版编目（CIP）数据

人生，体验而已 / 李尚龙著. -- 北京：现代出版社, 2025.5. -- ISBN 978-7-5231-1283-0

Ⅰ. B821-49

中国国家版本馆 CIP 数据核字第 2025YX6791 号

人生，体验而已
RENSHENG TIYAN ERYI

| 著　　者 | 李尚龙 |

选题策划	大愚文化
责任编辑	司丽丽
产品监制	王秀荣
特约编辑	刘红静
插图绘制	Zsiko
装帧设计	申海风
责任印制	贾子珍
出版发行	现代出版社
地　　址	北京市安定门外安华里504号
邮政编码	100011
电　　话	(010) 64267325
传　　真	(010) 64245264
网　　址	www.1980xd.com
印　　刷	天津融正印刷有限公司
开　　本	787mm×1092mm 1/32
印　　张	9.75
字　　数	143千字
版　　次	2025年5月第1版　2025年5月第1次印刷
书　　号	ISBN 978-7-5231-1283-0
定　　价	59.00元

版权所有，翻印必究；未经许可，不得转载

目录

治病与死亡	/ 1
离开大城市的老王	/ 14
老莫的故事	/ 30
重生	/ 45
再养自己一次	/ 87
一切有为法，如梦幻泡影	/ 106
小覃，有句话没来得及说	/ 120
妈妈，你对自己好点	/ 130

小柯	/ 144
星光不负赶路人	/ 161
永恒的叶子	/ 179
爱哭的大伯	/ 195
再生	/ 209
风筝的断线	/ 224
人生十字路口	/ 246
我与父辈	/ 261
再见,考虫	/ 276

后记:人生,体验而已 / 293

治病与死亡

❶

这故事我想了很久,还是决定动笔了。我去征求了朋友的意见,给他发消息说:"我就是想写你这个故事,如果能让更多人看到,或许这份力量能传递更久。"

他当时没答复我,那天晚上,我们一起喝了很多酒。这些年,每次遇到艰难的谈话,我都是先喝很多酒。酒有时候真是个好东西,因为能让我们都兴奋起来,人只有兴奋起来,才会做出一些平时不会做的决定。比如,答应让我写他。

但是那天,他还是没答应。我们喝到了皓月当空,一天过去，他起身说："要回家了，明天还要开会，下午有个手术，就先不喝了，养精蓄锐，准备明天的战斗。"我点点头，起身，送他离开。

他说："尚龙，你要知道，作为一个医生，我比谁都希望病人活。我们见过太多病人，就算是他们的亲人都不抱希望，但我们的职责就是让病人活，我们比谁都希望病人活。但有时候生死有命，我们的手术刀干不过命运齿轮，阎王要收走一个人，我们即便扯住他的衣角，也留不住他的人。衣角撕破了，人就走了。"

他说话的时候，我刚好能看到月光从他的背后照射在地面上，窗外的风在呼呼吹，树枝露出新芽，像是等不及春天的到来。

第二天他给我发了条信息，短短一句话："你写吧，如果能鼓励更多人好好活着，也是好事，至少我们能闲下来点儿。"

我回了声："谢谢。"

朋友是一位医生，我们认识是因为我的父亲，父亲刚检查出癌症的时候，我完全慌乱了。因为我来北京这么久，第一害怕去医院，第二害怕去售楼处。第二害怕的地方可以选择不去，但第一害怕的地方有时候不得不去。我只是希望能再晚点去面对第一害怕的地方。那一天,姐姐给我打电话时,我崩溃了。好在我认识了这位朋友,后来才知道他医道高明,手术能力更是出众。本科、硕士和博士都在北大读的,十多年的从医生涯,在手术台上救治的病人数不胜数。

但就是那天,第一次有病人死在了他的手术台上。

2

虽然决定动笔,但也隔了很久,因为不知道从什么地方说起。思来想去,还是决定就从这儿开始吧。

那天是平安夜,北京的大街小巷都挂满了圣诞老人。我不喜欢商业性太强的节日,去什么地方都是人,所以这样的节日我往往都会想办法找几个朋友躲在一个包房,再倒几杯酒,吃上点小菜,聊聊最近发生的事情和听到的故事。

组局的这位朋友是我的忘年交,是一位大哥,跟医生朋友认识很久了。他的局组在了大兴,之所以组在那里,是因为离医院近,医生在那里做手术。做完手术,他换身衣服就能吃上热的饭菜。

我一看，打车过去要一个半小时，一百多块钱，为了不迟到，还是咬紧牙关按下了打车键。

拉我的司机跟我聊了一路，我得知他刚被公司优化。他说他2004年从北京理工大学数学系研究生毕业，算起来，他应该是1979年生人，就在去年的这个时候，他还管着一百多人。

他说失业好几个月了，其实原来也失业过，但很快就能找到工作，这次不知道怎么了，怎么投简历都没公司要，于是在家待了三个月。他心里发毛，想着马上要过年，机会更渺茫，于是决定出来开网约车。

我说："你一天能赚多少钱？"他说："三百块，刨去电费，也就两百多。"

他说完后补了一句："我原来也是这个时候下班找人喝酒，那个时候别说两百多，五百也就是一顿饭的钱。"

他说完，我从后视镜里看到他眼睛里的忧伤。

车里的时间很漫长，我们在四环路上走走停停，他继续讲着他的故事：刚裁掉保姆，老婆全职在家照顾两个孩子，刚给大儿子报了篮球班，给小女儿报了音乐班，不是因为孩子喜欢，而是因为班上的同学都报了。

他说自己刚把房贷调整到最低档，希望可以渡过难关。他讲着他的故事，而我算着他的工作时长和一个月赚到的钱，感觉他的经济状态怎么也跑不正。

我问他："房贷还了多少年了？"他说："还了十五年，还剩十五年。"

说完他自己叹了口气，说："我感觉这辈子就是为了这套房子活着了。"

然后又是漫长的沉默，直到路过一个红灯，他又说："其实我挺感谢这段日子的，倒不是因为苦，而是它让我看到幸福其实很简单，比如——找到一份工作。"

我问他："那你觉得这段日子还要持续多久？"他说他不觉得这段日子是特殊的，只是一段日子而已，他也没觉得自己在熬，他觉得这就是生活，生活本来就是如此。然后就一直滔滔不绝讲自己的话，讲着"一会儿送完你，找个便利店买两个包子吃，说不定还能接到一单回天通苑的，就能陪孩子，但回去孩子应该睡了，还是等他们都睡着我再回去，我还能在车里待会儿，那是只属于我的时光"云云。我知道他不讲话就容易睡着，毕竟开了这么久的车，不累也困了。

中间有一段时间，师傅没说话，我从后视镜看到他的眼睛：他的眼神里有一种难以言喻的失落，就像是突然间失去了前进的方向。在车灯照射下，他的眼中映出了一道道跳跃的光线，它们在他的眼底跳动，好像是他的心在忐忑不安地跳动。那双曾经自信地盯着复杂数据和图表的眼睛，现在盯着路前的空虚，似乎在寻找破解生活难题的答案。

直到下车，我都记不太清他说了什么，只记得下车前，我跟他说："兄弟加油，早日渡过难关。"他特别开心地说："谢谢哥们儿，记得给个好评。"我说："我也只能给你这个了。"

其实，"早日渡过难关"这句话挺敷衍的，但我确实找不到什么话能安慰他，虽然我写了这么多安慰人的故事，可此时却没有一句话可以放在嘴边。在我看来，他这样的人在这座城市里有很多，他只是一粒沙，被我的情绪放大。其实每个人都有自己的困境和矛盾，谁也不是救世主。尊重他人的命运，也尊重自己的命运，你可以不接受，但要允许一切发生。

3

让我继续回到医生的故事。

我们几个老友约在了一个四合院里。院子里悬挂的红灯笼闪烁着暖黄的光,仿佛在这寒冷的冬夜里传递着一丝温暖。老板是一个精明的北京人,他知道怎样用酒和故事温暖我们,于是拿出了十年的二锅头。

我和大哥在暖炉旁坐下,炉火把我们的影子拉得长长的。我们的谈话总是围绕着生活的琐事和北京独特的趣闻,聊到医生,才偶尔掺杂一些关于生死的沉重话题。每当这时,我们会互看一眼,不约而同地把视线转回火光中。

大哥笑嘻嘻地倒上了酒,他也挺讨厌,点了一锅的猪肝和鸡心等内脏,说等医生切完人的,吃点动物的,恶心一下他。我一想,自己都恶心了,赶紧说:"你给我点碗面,我今天就不吃别的了。"

这不是我们第一次等医生,一般他做完手术换好衣服坐在我们边上时最多八点,但那天我们一直吃到十一点,他才姗姗来迟。我看到他的眼睛里,是满满的疲惫。这眼神,好像很少从他的眼睛里流露出来。

他来了也没多说话，甚至没吃饭就直接端着壶把二两白酒灌进了肚子里，仿佛要喝掉这世界上所有的不开心。

还没说两句，他又举起了壶，倒满，拉着我说："尚龙，干了！你这还年轻人呢，不干对得起90后吗？"

就这样一杯接一杯，节奏很快，直到酒过三巡，医生才黯然神伤地说："尚龙，我很痛苦，我从医十多年，救过这么多人，但刚才那个人我是真的救不了了。"

窗外的空气像是被冻住，连同一桌的饭菜仿佛都滞留在这个时空中。

我们才知道，病人来的时候，已经不行了，胸腔里全是血。一场车祸引起的，几乎所有医护人员都建议放弃，因为已经快没心跳了，但他还想再试一次。于是，他在手术台上，打开病人胸膛，血如喷泉一样不止。他没来得及挤压胸腔，病人心跳已经停止了。

他进手术室后没过多久就走出来，家属疯了似的堵住他，没办法，他在保安的护送下才下了楼，在一个房间里待了很久才打车来找我们。

他讲这段话的时候很絮叨，絮叨到我需要很努力才能听清楚。他眼睛里闪烁着泪光，他说一段我们喝一段，直到喝不动了。每一口酒下肚,都像是在灌输一种错觉,让他暂时忘却那手术台上消逝的生命。他轮换着说话与饮酒,就像在演绎一场没有观众的戏。每次举杯,都像是在向那逝去的生命敬上一份哀悼。酒精带来的温度,既无法温暖那冰冷的手术刀,也无法温暖他冰封的心房。直到酒精也不复起作用,他的言语变得支离破碎,像是他努力缝合的伤口,终究难以抵御命运的蹉跎。他断断续续地说:"你知道吗?我救过这么多人,很多时候病人来了,亲人家属都不抱希望了……但我是医生,我想让他活下去。"

医生放下了空空的酒杯,眼中浮现出泪水,像是压抑了许久的情绪终于找到了宣泄的出口。他的声音低到几乎听不见:"那是一个年轻人,一个开网约车的司机,他还有很多未竟的关于事业和家庭的梦想……"他的话被咽回了喉咙,无法继续,然后又说,"我救不了他,我根本救不了,这谁也救不了,耶稣天王老子释迦牟尼能救,我救不了。"

院子里的红灯笼似乎也失去了往日的光彩,四合院被一种说不出的哀愁笼罩。

这回换我们沉默了,那空气冷得像一块冰,仿佛谁把暖气关了。我也不知道该说什么,只觉得脸和胃都火辣辣的。

"圣诞节快乐。"

还是大哥先开了口，我一看表，是啊，平安夜过了，圣诞节到了，新的一天来了。

我站起来叫老板重新开火，那铁锅里的肉和杂碎很快又翻腾了起来，气氛又热闹了起来，仿佛之前没有冷过。

我抬头望向天空，月亮很亮，星星隐约可见。医生点燃一支烟深吸了一口，然后缓缓呼出，伴随着烟圈散去的，还有他心中的那一份沉重。

"快，趁热吃。"老板走了进来，他认识医生，又在锅里撒了一把葱和香菜，盖上盖子，香味又回来了。医生问老板："你们几点关门？"老板说："您待多久都行。"

忘记那天几点回去的了，只记得最后医生说："你说，我怎么会这么自大，认为谁我都能救？"

4

人有一个特点，喜欢用过去的成就判断未来。就比如我们讲考研阅读，过去只要选项里有 may 的就是正确答案，我们总这样教学生，但 2011 年的试卷中，选项里有 may 的都不是正确答案。我们见过的世界，是我们的经验，我们用经验去判定未来的人生，去规划未来的选择，却忘了世界上有黑天鹅，很多事情都会发生。

而聪明的人往往尊重命运，允许一切发生，同时，运用自己的智慧做选择。

又过了十多天，新年了。2024 年来了，我们又聚了。

人是健忘的，不知道是好还是不好，总之没有人再提这件事了。大家吃了会儿饭，医生又说到这件事，朋友说："别说了，2024 年了，说点新年的话。"

我顺坡下驴："新年快乐，新年我们还要勇往直前啊！"

"对啊，我们还得努力活着啊。"医生说。

就这样，那些伤心的故事，被留在了过去的夜空中。在写这篇文章的时候，我发了条信息问了医生最后一个问题："这件事后，你有什么变化？"

医生说："我当然还是会尽全力救治病人，但我不会这么自责了。因为我认识到自己的局限，知道在很多事情面前我们太渺小了。"

这回换我发呆了。我在电脑旁，发了很久的呆。然后我又想起了这句话：尊重命运，允许一切发生，同时，运用自己的智慧做选择。

我也突然想明白了应该怎么去安慰那位开车的师傅，就仿佛我认识那位死在手术台上的网约车师傅一样：

至少你还活着，至少你在 2024 年还可以呼吸。所以，生活的确没什么好抱怨的。它对我们不好，我们至少要对自己好点。要感激，要坚持，哪怕前方坎坷。

笔尖停止的瞬间，我抬头望向外面，夜已深，星光却异常明亮。

离开大城市的老王

❶

不知道从什么时候开始,老王的眼睛里没光了。一个在大城市里奋斗久了的人,如果眼睛没了光,要么他遇到了什么事,要么他失去了什么人。

记得刚来北京那会儿,老王一边啯摸着川菜,一边跟我聊着考研的梦想,他那纯正的成都话在这北方城市里格外显眼。他的学习计划被突如其来的大厂录用通知打断,一纸录用通知,就像插上了翅膀的邀请函,引他步入了这座城市的另一个世界。

记得那天老王冲进教室,他的眼睛亮得像两颗照亮前路的明灯,他挥舞着那封沉甸甸的录用信,仿佛握着一张中了头奖的彩票:"瞧瞧,哥们儿被录用了!"他的声音里满是一种不敢置信的喜悦,像个孩子。

他问我:"还要不要继续上课?"我说:"没必要上了,你那一年几十万还另加股票的工资,何苦还要读研呢?但是学费是退不了了,我们有个原则,就是自己主动不考的不退费。"老王说:"没必要退费,跟你交个朋友也好。"

就这样,我们成了朋友。

那是一个互联网资本疯狂扩张的年代,万事万物都在"互联网+",所有线下的东西都可以在线上做一遍。

而老王所做的工作就是实现这一切的基础,因为他是程序员。他编写代码的效率很高,第一个月他拿了几万块的工资加奖金,那年,他请我们吃饭的时候,眼睛里都是希望。

他喜欢看我的书,说我的书里有动力、有力量,适合那个时候的他。几年里,他的变化很大,充满着能量。公司要扩张、要增长、要招人、要上市,老王要赚钱、要买房。从我认识老王的那天起,到他成为一个充满希望的成功人士,仿佛只是一夜之间的事。我记得他谈及第一个独立完成的项目时,眼睛里闪烁着与众不同的光芒，那是一种得意和自豪，是一种突破了普通程序员身份的荣耀。他详细地向我描述那个项目，每一个细节，每一行代码，好像每个字符都蕴含了他的心血和灵魂。项目上线的那一刻，整个团队沉浸在庆祝的欢乐气氛中，而老王却静静地站在一旁，凝视着屏幕上跳动的数字。他知道，这不仅是一个项目，更是他在这座城市站稳脚跟的起点。

那天晚上，当我们在小巷的烤串店庆祝时，他对我说："从今以后，北京就是我的家，我要在这里大展宏图。"

很快，他买了个小房子。又过了段日子，他结婚了。

我给证婚的。

婚礼现场他说："我从来没想过自己能在北京定居，老婆，给我几年时间，我要给你换个更大的房子。"他老婆也挺逗，说："你必须得换一个，要不然孩子多了没地方住。"

❷

他升任技术总监的时候，年薪已经一百万。他期待着公司上市，一下子就可以财富自由了。那是个充满财富神话的时代，在中关村的大排档，多少人一边吃着串，一边喝着啤酒，一边说着股票和期权，说着隔壁公司上市后谁的身价多少亿，说着互联网黑话，什么"对齐颗粒度、抓手、痛点、生态、头部"……

然而，随着时间的推移，老王面临的压力越来越大。每次提及工作，他的话语中不再有曾经的激情和兴奋，取而代之的是市场报告、股价波动和不断上升的业绩指标。他开始疲惫地依赖咖啡和能量饮料，来支撑那无尽的加班夜晚。

也就是那一年，老王第二个孩子出生，老婆也退居家庭一心一意带孩子。后来，等到孩子大一些，他又换了套两居室的大房子，两个孩子上私立学校，而他自己每个月还着房贷养着家，虽然累，但至少充实。

他基本上不着家，住在公司，公司里有一个他专属的睡袋，那睡袋我见过一次，脏得很，但那里睡着的是老王的未来。

后来，我很久没见到他，但北京这座城市就是这样，没消息是最好的消息。千万别突然有了谁的消息——要么是谁准备走，要么是找你借钱，要么是借了钱准备走。

但老王我们并不担心，毕竟，他就是我们认为的那种成功人士。

为数不多的见面里,他的变化很大。从原来的不知所措,到现在的大谈特谈,他谈中美关系、谈经济形势、谈互联网、谈股权。最重要的是,他学会了一口夹生的北京话,有些话带着儿化音,虽然怪怪的,但也能唬得了很多外地朋友,有人问他:"您北京人?"他会自豪地说:"哥们儿新北京人儿!"

在那些漫长的加班夜晚,当耀眼的屏幕映照在他疲惫的面庞上,那种对公司上市后能实现财富自由的渴望,成了他抵抗困顿和疲惫的唯一动力。但随之而来的,是那些无尽的会议、永无止境的代码审核,以及那些他曾笃信会带来成功的无数项目的重压。老王开始意识到,这份财富自由的代价远比他想象中要沉重。

他三十岁生日后,我们又聚了一次,喝得酩酊大醉,聊得五花八门,接着就是漫长的三年疫情,漫长的谁也见不到谁的日子。

疫情解除后,我去了趟美国,回国后,见了几个朋友。朋友们曾经提起老王的名字,都是赞赏的口吻,现在,他们用同样的口吻,却多了一份担忧。他们见证了老王的起伏,也感受到了那从热忱到疲惫的变化。

几天后，我看到一条热搜，热搜上挂的就是他们公司裁员的消息。这一轮裁员对象都是三十五岁上下的，用老板们的话说，这些人又贵又不好用，公司要节约成本，这些人都是成本。

我想到，老王明年刚好是三十五岁，于是打了个电话给他，寒暄两句就进入主题。他说："放心，尚龙，裁谁也不可能裁掉我，我是老员工。"

果然没裁掉他。但谁知道裁员不是一轮，是好几轮。他后来开玩笑，说自己要是被裁了就是财源广进，因为只有被裁员了，才有广进。好无聊的谐音哏。果然，第二轮就广进了。

后来听朋友说，他跑到人力资源办公室门口哭了，他说："我不能被裁掉，我有功劳，我跟公司这么多年了，你们不能裁掉我，我还有家人要养，我还要还房贷……"

他被裁掉的那天失魂落魄，因为他没想到自己会被裁掉，更不知道被裁掉的自己未来还能做什么。他双手捧着箱子，迷失在这座城市。

后来我们聚了一次，他问我还有什么机会。那时我在一边写作一边申请加拿大的学校，心思也不在这儿，只是跟他说："你等等，我帮你问问。"

他说:"明明三十五岁是最好的时光,大脑进化和身体状况都是最好的,怎么在公司就不被需要了?"

我其实知道原因,但我不能说,原因很简单:你贵。刚毕业的年轻人又便宜又肯干,干吗不用他们呢?但我没说。第二次他问我有什么消息的时候,已经有些焦虑了。他跟我打了一个多小时电话,我知道他快还不起房贷了,两个孩子也从私立学校出来了,公司的赔偿金也花得差不多了。再不赚钱,就来不及了。他说:"尚龙你务必要帮我,要不然我要完蛋了。我不能离开北京,离开北京我什么也做不了。"

第三次找我的时候,他眼睛里已经没了光。那是个春日,阳光明媚,春风徐徐,我们终于没有吃上饭,而是中午喝了杯咖啡。

他开口就告诉了我这么长时间思考的结论:"我准备带家人离开北京了。"

3

"你说，我当年是怎么有这么大的野心，认为我能留在北京的啊？"

他说完这话，眼睛就红了，我注意到了细节，他这话里更多的是成都口音，北京腔没了。他要回去了。这城市充满着离别，这回轮到他了。

他说："刚买这套房子的时候，我对新家充满期待，但随着每一次房贷通知落入邮箱，我那曾经无畏的目光就黯淡了。每个夜晚，当孩子们进入梦乡，我坐在客厅，面对熄灭的屏幕，心中升起一种被围困的感觉，那源自日复一日的责任重压，我这么累，我在干什么？"

那之后，他卖掉了北京的房子，带着老婆和孩子回到成都老家。

在告别之前，老王在北京每一条他走过的街道上徘徊。他脚步沉重，每一次经过那些熟悉的地标，心中都会掀起一阵阵波澜。他告诉我，北京对他来说，不仅是一座城市，它凝聚了他所有的努力和梦想，每一块砖，每一寸土地，都承载着他的汗水和记忆。

走的那天，我说要去机场送他，他说不用了，不想让我看到他被北京打得落荒而逃。

那段日子我看到腾讯、阿里和拼多多都在裁员，裁掉的人都是高管和三十五岁上下的员工，互联网的增量没了，架子搭完了，"飞鸟尽，良弓藏"后面那句话我就不说了，不尊重人。

人们总以为自己可以在一个地方干一辈子，却忘了时代的多样性、命运的脆弱性，还有不可预知的人性。

那年，我们公司也裁掉了一个年薪一百万的员工，这哥们儿挺有意思，去了我们竞争对手那边，一年只要五十万。他说："先活着再说。"

他改变了生活的状态，从四环的大房子搬到郊区，戒烟戒酒戒夜宵，也活了下来。有趣的是，我们公司在一年后倒闭了，那些当年没有被开除的人被打得措手不及、流落人间。只有他平稳过渡。果然，树挪死人挪活。

一年后，我出差到了成都，老王接我。我仔细一看，老王胖了起码十斤。

"成都的美食太好吃了，可惜你不能吃辣。瓜娃子。"

后来他女儿回来了，我说："你咋这么早放学了？北京这时候都在上补习班。"

他笑着说:"我们已经放弃成为国家栋梁了,孩子高兴就好。"又说,"别太早谈朋友就行。"

老王的生活步调明显放慢了。在成都宽敞的家中,他不再被繁忙的工作缠绕,他可以一天不看手机和电脑,和老友在茶馆悠闲聊天,或是在公园里散步,感受成都独有的悠然生活节奏。

那天我们又喝酒了,喝到很晚,我也记不清都说了什么,只记得他说:"尚龙,你说我咋不早回来?这才是生活啊。我以为回家了就失败了,没有啊,我才刚开始。"

他开了个工作室,用他在北京积累的经验为当地市场提供服务。这些变化为他的未来带来了新的希望,他不再为了公司的股票和业绩殚精竭虑,而是开始享受自主权和工作带来的成就感。

我问他最开心的是什么,他说:"不用交房贷了。"

"你说,我当年是怎么有这么大的野心,认为我能留在北京的啊?"同样的问题,他又问了一遍,我知道他也不想要答案,只是感叹一句。你想,那年你才多大,现在你都三十五岁了。我想这么说,但还是没讲。

他问我:"我有什么变化吗?"我说:"你回到成都后,再也不聊上市、不聊国家大事了,你聊了半天,更多聊的是生活。"这才是生活本来的样子。

❹

故事就讲到这儿,我说说我的看法。

老王一度认为离开北京是一种失败,但现在,他认为这其实是一次重新开始的机会,是一个平衡生活和更加健康的机会。他说虽然现在的工作室规模没有在北京时的公司那么大,但他现在能够掌握自己的时间,做他真正热爱的事情。

他还说,他终于敢说"热爱"了。

这个故事是写给那些中年人的,我其实想说句狠话:人到中年,生活中会有很多变化,只是你没有提前做准备而已。

《漫长的季节》里有这么一段情节,厂里决定改革,要裁员、市场化,当得到名单后,范伟饰演的工人王响知道自己要被裁掉了,他第一反应是找人运作,想继续留下来。

他甚至在一次吃饭时跟儿子说:"你好好学习,以后你留在厂里。"

这在现在看起来很荒谬,但其实是当年很多家长都做过的事。他们知道时代有变化,但放弃不了过去的稳定生活,面对被迫转型无能为力,潜意识竟然是仍让孩子跟自己走一样的路。

我父亲也是这样,他在部队几乎待了半辈子,在他离开部队后,第一反应是希望我和姐姐都进部队。

好在我姐视力不好,我中途退学了,要不然也没我们俩的今天。

同样的事情发生在今天的大厂,那些曾经拿着百万年薪的互联网人现在必须面对一件事:裁员。

就算不裁你,也可能会降薪,因为互联网的红利已经没了。原来老板们期待的增量,现在已经到头了;原来需要搭建的App,现在已经搭建得差不多了;原来融了资,现在要还钱了。

你现在看起来觉得无法接受,但不好意思,过十年回头看,你也会觉得自己很荒谬。

所以,你不主动想办法,就会被时代无情淘汰。

时代的轮回是必然的,历史可能不会重复他的故事,但一定重复自己的规律。

每一个转型时代都有一批人能赚到钱,他们怎么赚到钱的呢?

答案就是四个字:拥抱改变。

我认识一个跟我父亲同岁但早就发了财的人,聊到深夜才知道他也当过兵,再一聊才知道他在90年代下了海,一开始被他爸妈骂死,后来很快赚到钱了,爸妈就不骂了。

我也时常幻想,假设那时我爸妈谁下海做生意了,我是不是就不用奋斗了?

但我不抱怨,反而感谢他们让我早早就知道没有什么是靠得住的。

所以我从体制内走,从大厂走,都是因为我自己内心深处明白:你谁也靠不住,到头来只能靠自己。

前几天遇到一个从网易辞职的朋友,放弃了二百万年薪,开始创业。我问为什么?他说:"早晚要动,还不如主动走。"

他还安慰一个阿里的女高管,说:"你别着急,早晚到你。"

我说:"你祝人家一点好。"

没几天,女高管就收到部门通知,说要裁员百分之三十。

虽然没裁到她,但她很快就反应过来了,现在已经开始见各种天使投资人了。

总的来说这个时代是风水轮流转，体制内不好的时候，往往体制外有机会；体制外开始崩盘时，往往体制内保持稳定。但无论如何，时代变化的本质是进步。

可惜的是，小人物在时代变化下，能做的其实很少，但你要说什么也做不了，我认为太悲观了，因为你至少能做到一点——主动一点。

你要知道，变化是早晚的事。与其在这里干等着，不如想想办法，主动寻找一些机会和可能。纵观这些年，过得好的往往是主动改变的人，过得最差的都是那些害怕下岗、想要留下来的人，因为这些人往往想尽一切办法又多留了几年，但最终还是下岗了。可惜的是，那时他们已经失去了第一批机会。

这就是为什么《漫长的季节》里王响他们过得都不好，是因为他们一直有一种被动的心态，觉得下岗了就一切都完了，必须留下来。

所有在变动时代下的"必须"，必然带来选择上的变形。

这世上没有什么是必须，你能活下来才是必须。

还是那句话，作为个体，你对环境无能为力，但你必须学会拥抱改变。

你要慢慢学会从一个螺丝钉变成一台机器,从一条流水线上的某一环变成一条流水线,从跟着一群人在摸鱼变成为自己负责的超级个体。

5

在成都,我还拜访了另一个人,他刚从监狱里出来。

他的故事我下篇文章再讲,他说了一句话:"原来觉得腰缠万贯是幸福,于是剑走偏锋,后来才知道,有自由健康就是幸福。哦,对了,还能喝上一杯酒,其实已经是很幸福了。"

我后来介绍他和老王认识,两人成了好朋友。

两人经常在深夜发消息给我,他俩喝得开心,不带我了。天天群里跟我说:"尚龙来成都嚟,一起'豁就(喝酒)'。"

老莫的故事

❶

在我接到老莫电话的那一刻,整个世界似乎都静了下来。

久闻他的大名——在文化圈里,老莫是个传奇。这位传奇人物突然打电话给我,说要买下我的小说版权,将其改编成电视剧。我心中泛起一股莫名的激动,当然更多的是忐忑。我对老莫知之甚少,只能从碎片化的信息中拼凑出一个模糊的形象——一个在光鲜亮丽的外表下,不乏争议和谜团的男人。他每次出手,都能吓到别人。

果然,在咖啡厅里,老莫给我准备了一大笔钱,我之所以记忆犹新，是因为老莫给我拿的是现金——用麻袋装的。

这故事我决定写下来，在写的时候，我特意去了趟成都，去见老莫，我告诉他我在写这个故事。他说："你写呗，我的故事的确会对年轻人有帮助，至少是反面教材。"又说："你写可以，你必须把我写成帅哥，超级帅的那种。"

于是，我就从他最帅的时候开始写吧。那是一个影视行业的黄金年代，我记得好像是在2016年，几乎人人都在谈融资、平台、议价、大明星……在一个略显拥挤且充满浓厚咖啡香的文艺咖啡馆内，角落里摆放着一张豪华的皮质沙发，阳光斜斜洒落，映照出坐在那里的一个墨镜男，那人就是老莫。老莫坐在角落里最隐蔽的位置，周围摆放着满是书籍的木质书架，淡淡的咖啡香与书香交织在一起，这些构成了我见到他时的第一印象。

我其实不太懂那些在室内还要戴墨镜的人，后来他才告诉我，挡着眼睛能让人感到神秘。

老莫身着名牌西装，手腕上佩戴着一款名贵手表，手指间把玩着一支镀金钢笔，身旁放着一个麻袋。

老莫瞥见我走进咖啡馆，立刻站起身来。他一米八的个子，带着一股居高临下的气势走向我。他嘴角微微上扬，墨镜压着他的眼睛，他把我拉到他的位置，然后关上门。他拍了拍我："你就是李尚龙？我听说你的作品很火，我这人不爱浪费时间。看这里。"说完，他打开了麻袋，里面都是一百元的钞票，"只要你点头同意，这是版权收购价，签了合约，钱你立刻带走。"

我赶紧装作一副淡定的样子，谁知道我那个时候口水是不是流下来了。

他用力拍打那个麻袋，麻袋被拍打得变了一个形状，仿佛那个麻袋有了生命。然后他坐下来，将一份厚达几十页的合同扔到桌上，漫不经心地说："尚龙，你别担心合同内容，你直接签。合同里都是对你有利的，毕竟大家都是有身份的人，我可不想让外界觉得我在欺负一个才华横溢的年轻作家。"

那是我觉得他最帅的时候，虽然言语之中充满了优越感，用现在的话说就是"爹味"，但给钱的样子确实是帅。现在回想起来，仿佛这笔交易对他而言只是小事一桩，而能否与作者达成合作，对他来说并不那么重要：第一，他坚信没有哪个作者能够抵挡住如此诱人的条件；第二，这样的作者也不止李尚龙一个人。

换成谁，可能都签了，但我拿起桌上的合同，仔细翻阅了几页,然后轻轻放回原处,没签。

我不受嗟来之食!别想用钱收买我!我可是一个有节操的作家!

行吧,我并不是这样,不是我不想签,是我已经卖了。价格远低于他给我报的价格。我当时别提多悔恨,肠子都悔青了。但我还是咬着牙,不能让他看出来我的后悔,我说:"这次我们就不合作了,主要我不了解你们,我不跟不了解的人合作。"

现在想起来我说的这些话,我都想抽自己一个大嘴巴子。

老莫摘下墨镜,说:"行,看来我没看错人。既然如此,买卖不成仁义在,先交个朋友。我也有个原则,不能赚钱别浪费时间。我先走了。"说完就打电话给他的司机,起身后,他说:"我很欣赏你的才华和态度,希望有机会我们交个朋友。"

谁不愿意和土豪交朋友呢?那还不是因为我是个笨蛋,胡乱卖自己的版权?也就是从那时候开始,我学会了比价。

❷

让我继续讲老莫,他在这个行业很有名,那个时候的几部大 IP 都是他在中间操作的。从小说到剧本再到影视,赚得盆满钵满。他一开始在一家大公司,后来自己出来单干,也做得风生水起。

老莫也没再理我,因为他不知道从哪儿知道了我的小说版权其实早就卖了,还卖了一个很低的价格。我估计他不会再理我了。

再次见到他的时候,是在一场文学颁奖典礼上,当时我的作品《刺》刚刚被拍成了电视剧,这部小说因为对校园暴力立法的推动获得了某个平台最佳小说奖。我只是没想到,老莫就在台下当评委,因为这活动就是他的公司投资的。我忘了我上台发言说的是什么了,只是记得我说得慷慨激昂,说到反校园暴力,更是滔滔不绝地讲了十分钟。

老莫后来告诉我,在这次活动中,起初他还是保持着对商业收益的重视,但他听到了我的演讲,感触于我在获奖感言中提到的那句话:文学作品的成功不只是它自身商业价值的体现,更是它对社会议题的深刻洞察与责任感的体现。这和他童年时的理想和观念不谋而合。

不久，老莫真的看了我的书，他自己买的，我可不能送。他发信息给我，说："你别说，你写得挺好的。"

我回他："谢谢夸奖，下一本更好。"

他说："你赶紧写，我到时候帮你影视化。"

我虽然表面上说好，但我真的写不出来，我跟钱没仇，我就是江郎才尽了。

那之后，他邀请我参加一个慈善公益活动，原来，老莫尤其关注教育领域。而我那个时候作为考虫的联合创始人，自然也关注这个领域，我接到邀请后去了。在活动里，我除了捐赠了很多我们的周边和课程，还提出将作品《刺》的部分版权收益捐赠给贫困地区的教育事业。也就是那时，我跟《刺》的制片团队说："未来所有在这个项目上赚到的钱，我都捐了，成立一个反霸凌基金。"

老莫说："你只要做，我都参与。"再后来我们一起参加了好几次公益活动，在公益活动中共同见证了文学改变世界的力量，就是那段日子，我们逐渐建立了共同的理想和信念，我们的友谊也在互相尊重和共同努力中悄然萌发。

我们俩真的成了朋友，总在一起跑步，每次从朝阳公园东

7门出发,这一跑就跑了好几年。每次跑朝阳公园小怪兽路线,路过那一排东北角的楼时,他都会指着一栋楼说:"那里是我的会所,看,豪华吧,下次去我那儿喝酒。"

"你干吗那么在乎赚钱?"有一次在会所里我问他。

"我大老远从成都来北京,不为了赚钱我来干吗?"

"那你做房地产啊,比做影视文化赚钱多了。"

"那我不是还有点文学理想吗?"他有些不好意思。

原来他是个编辑,不满足成天看别人的稿子,他说:"做书真不赚钱。"于是,他来到北京,混迹于各种饭局,整天醉生梦死,认识了几个做投资的,他左手抓作者,右手抓资本,一下子成了文化商人。几部戏上映后,他也有了原始资本,在他那个会所里,接待了多少身价上亿的人。满墙与名人的合照,彰显着他的实力,那一堆奖杯,表达着他的期待。

我去过好几次他的会所,加了不少人的微信,虽然我并不知道加这些人未来能做什么,但他们每次介绍自己的时候,那一长串头衔,总让我有一种深深的虚无感。我本能地复制粘贴回复着"幸会",却恨不得赶紧把自己碎碎念的朋友圈改成三天可见,后来在北京这么多年,我经常会问自己,我加这些人干什么?

我记得有一回，在众人皆醉的会所中，莫总正在众星捧月般的环境中陶醉，他身边全是女演员、模特，你一杯我一杯，喝得面红耳赤。大家还在吹着牛时，会所的大门悄然打开，一抹身影闯入视线——那是老莫的老婆。

老莫的老婆身着优雅的晚礼服，独自一人走上前来，她的出现并未打破现场的热闹氛围，反而像是一曲无声的独白，引人注意。莫总正嗨着，一看老婆来了，蒙了，现场也安静下来。只见他老婆缓缓走向舞台中央，拿起麦克风。我们以为她要揭露莫总多年的丑闻和罪行，但她却深情唱起了邓丽君的《甜蜜蜜》，后来才知道，那是老莫求婚时两个人的定情曲。也是后来才知道，为什么老莫哭了，那歌声婉转，似在唤醒莫总遗忘的家庭责任，那一刻，现场的女演员们和模特们似乎黯然失色。那歌声，在初次唱起的几年后，真的唤醒了老莫。

老莫站起来，走到老婆身边，小声说："老婆，我这是工作。"

他老婆说："我知道。"

我说："你俩能把麦克风关了再说吗？"

他老婆笑了，对着麦克风说："这首歌我也是送给大家的，祝大家今晚开心。"

他的朋友都知道，老莫这人，只有赚钱这件事能让他开心。

但真的是这样吗？

一天深夜在会所里，老莫在狂欢后静坐一旁，他突然对我说："你知道吗？我常常感到一种难以言说的空虚。"他顿了顿，似乎在整理自己的思绪。他轻轻摘下墨镜，我第一次看到他的眼睛，在酒精的催化下，我看得不太清楚，但我记得，那是一双充满复杂情绪的眼睛，有挣扎，有疲惫，也有一丝渴望被理解的柔软。"你说这些值吗？"

我摇摇头，不知道该怎么回答。

3

后来我又去了几次他的饭局，在他的饭局上，认识了一位叫林先生的人。林先生操着一口港台腔，但却是内蒙古人，永远戴着一副黑边眼镜，斯文儒雅，有时候还会跟我聊聊他最近看过的书。林先生是影视行业的投资人，那些年是影视行业热钱多的时候,许多投资人都拿着钱进入了这个行业。林先生就是其中之一。他给老莫投资了几千万去买版权拍电影,之所以选择老莫,用他在饭局里的话就是:"莫总,作为影视版权行业的龙头老大,一直以来以其卓越的商业头脑和敏锐的市场洞察力,在业内树立了赫赫威名。"

我们每次在一起聚会的最后,永远是以"尚龙,你抓紧写"来结束。

我也曾在酒精的迷惑下,觉得这种繁荣,会一直继续下去。然而,一切繁华的背后,都潜藏着风险,就像谁也不知道,一场"波澜壮阔"的版权黑幕就此拉开。

这件事在圈内很火,事情源于莫总旗下的一家公司购入的一部国际畅销小说的影视改编权。在竞标过程中,莫总为了赢得版权找林先生又要了几笔大钱,他们不惜投入巨资将版权买了下来。但最后才发现,这份版权竟然存在严重瑕疵——原著作者的实际权益被其经纪人恶意隐瞒并私自贩卖了。由于在圈子里的面子和地位,老莫在买到版权后,前期做了很多宣传和炒作,但在林先生投资的巨大压力下,莫总选择了暂时隐瞒这一事实,并尝试通过各种手段修复版权问题。

他甚至想过找人帮他重新写一遍,但都徒劳无功。

然而，没有不透风的墙，他的竞争对手知晓此事后，设下一连串精密的圈套，还找到了证据，将老莫推上了风口浪尖。他们在网上指控莫总明知版权有问题，仍故意欺瞒投资者和合作伙伴，非法获利。一时间舆论哗然，莫总的形象跌入谷底。

老莫的版权纠纷案件迅速升温，从业界的小道消息成为媒体关注的焦点。他每天都生活在紧张和不确定中，面对着可能失去一切的风险。

接着林先生找到老莫，让他想办法先把钱还了，但老莫那时也没了钱，他已经卖了朝阳公园的会所，卖了北京的好几套房。几天后，林先生举报了老莫，政府监管部门介入调查，老莫因涉嫌欺诈罪被判处一年有期徒刑。

老莫最终还是没有买到我的版权，我写得太慢了，时代变化太快了。就在我写一部小说写到一半的时候，他进去了。那天，我看到网上的热搜，百感交集，我下楼去朝阳公园跑步的时候，路过东北角的那个会所，老远看，已物是人非；仔细看，里面空空的，正在重新装修。

一年后，老莫出来了，我和几个朋友一起在看守所门口接他。莫总出狱的那一天，天空湛蓝如洗，阳光透过稀疏的云朵洒在他的身上，照亮了他那双曾经被欲望蒙蔽的眼睛。他的衣服已经不太合身，但在那个场合却显得格外合适。他身穿一套简洁的深色便装，脚步沉重坚定，他刚出来，身后的铁门就关闭了，那沉闷的回响仿佛是在告诉我们：别再回来，自由很昂贵，朝前走，前方才是全新的人生篇章。

那天我们坐在一桌，我开了几个玩笑，但大家笑得都挺尴尬，那天饭局伴随着的都是沉默。

一年不见，我感觉老莫的眼睛似乎小了，可能少了点当年的雄心壮志。也可能当年在墨镜下，我从没真正仔细看过他的眼睛。

他说话声音也小了，我们要很努力才能听到他的声音。他也不喝酒了，吃两口饭也吃得扭捏，上厕所的时候会说："我能请假去个厕所吗？"

朋友们笑着说："不能请假要憋着。"还有人说："不用了，哥，你出来了，你想去就去。"我说："你可以亲自去一下。"

他挤出一丝笑容，起身去上厕所。然后再也没有回来。我们吃了一会儿发现老莫不见了，大概也猜出他的不辞而别，于是找服务员买单，服务员说："单已经买了。"

再之后，我们听说他回成都老家，也听说，他老婆给他生了个女儿。他的朋友圈再也没有更新过，就仿佛他从来没有来过这座城市，从来没有在江湖上挥斥方遒，从来没有给我看那个麻袋，从来没有找我买过版权。

我在写这个故事的时候，时常会想起和他的点滴，曾经的他，习惯了被闪光灯追逐，身边围绕着阿谀奉承和纸醉金迷；而今，他独自走在街头，望着远处繁华的车水马龙，心中涌起的不再是征服的欲望，而是对家庭的深深眷恋和愧疚。

后来我去成都见过他，他信了基督，他和我说："不要为明日忧虑，因为明日自有明日的忧虑；一天的难处一天当就够了。"还说："《马太福音》看过吗？"

他说自己很幸运，老婆等着他，不折腾了，回归家庭了。

在那个阳光明媚的下午，老莫和我坐在公园的长椅上。他看着远处快乐玩耍的孩子们，脸上露出了久违的温柔笑容。"你看那些孩子，尚龙，"他轻声说，"我原来也和他们一样。"他的声音略带沙哑，却充满了感慨。

那之后，我们就没再联系了。

六年之后，我又接到了老莫的电话，他说："尚龙，孩子上学，你成都教育圈认识人吗？"

我说："我已经退出教培行业很久了。对了，我有个学生刚回成都，我们叫他老王，他原来是互联网大厂的，你们认识一下,说不定可以一起喝点。"

就这样,我给他介绍了老王。

没过多久,两人处成了朋友,每天喝点小酒晃晃悠悠。

还经常给我打电话让我找他们"耍起",我也总是会学着成都话说:"耍个锤子嘛。"

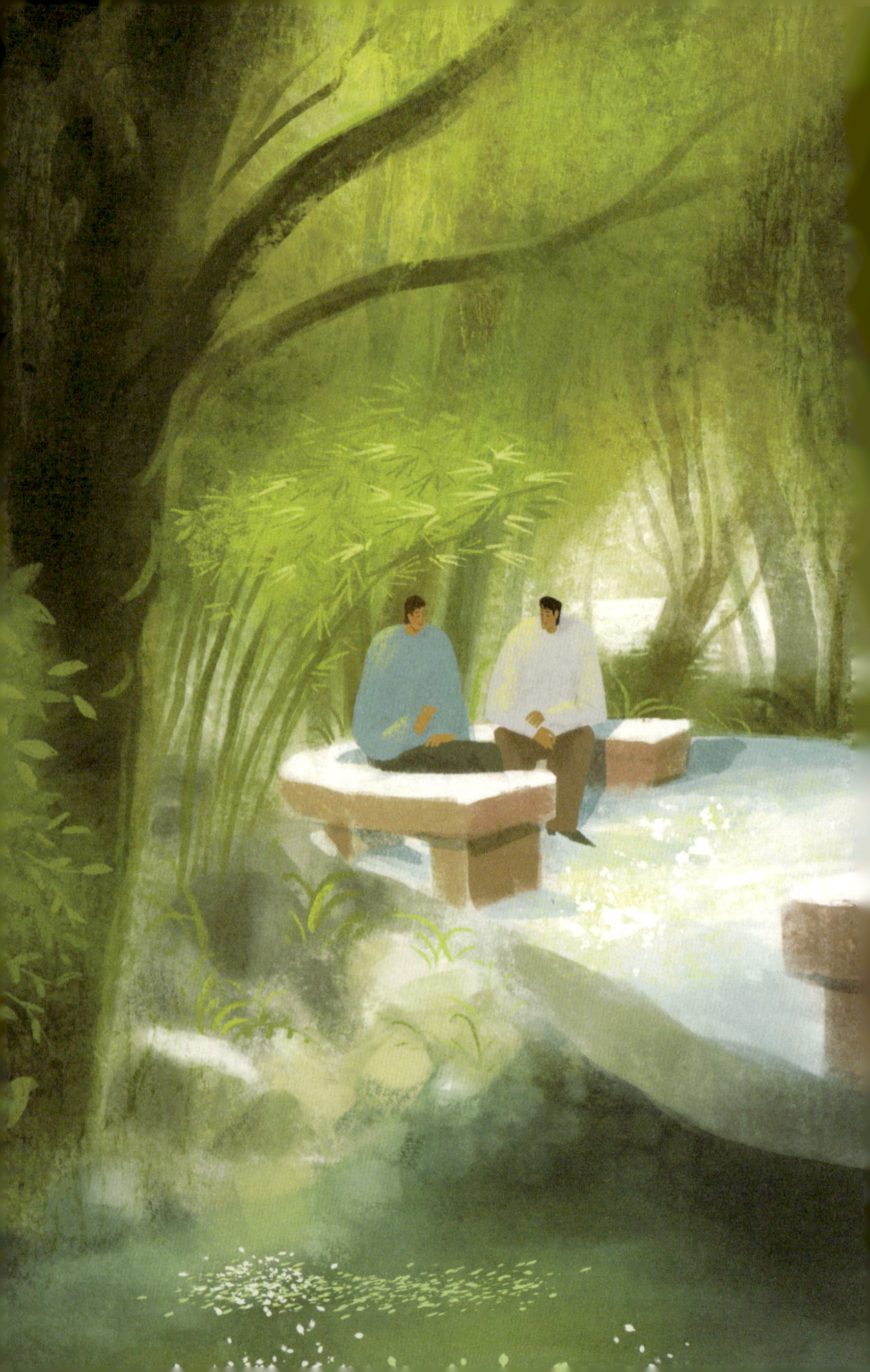

重生

❶

我讲的这个故事时隔不远,但像是已经经历了一个世纪。故事的主角是一个大哥,光头,像一个和尚,走进教室的时候头上闪着光。他穿着邋遢,白色衬衫被穿得脏得不行,但还是想保持青春的模样。他声音很低,目光呆滞,没有自信,但每次看到试卷的时候,却炯炯有神。他的世界里似乎只有考研,除此之外,什么也不剩。

他花光了家里所有的钱,女朋友也跟他分手了,家人几乎和他断绝关系。我听督导说,这是他最后一次考研。他说:"考不上就准备自杀。"督导本来想着让他报几节课就行，最后硬是给他报了三十多节课。他问："这些课有用吗？"督导说："对考试有没有用不知道，但对你肯定是有用的。"的确，一个花了几万块报名的人，应该不会轻易去死，至少要活到这些钱买的东西用完。

我当时听完背景信息就慌了，心想：这哪是一个快三十岁人的心智？不过，我要是三十岁时也这样一事无成，还有那么重的执念，会不会也想赶紧了结自己呢？本来这位大哥的事儿跟我一毛钱关系都没有，但谁能想到，我刚当老师就碰上了这么一位学生。

那年我为了谋生当上了英语老师，在新东方教考研英语。那是一个好多人都想考研的时代，有钱人家的孩子大学毕业后出国留学，没钱人家的孩子就在国内镀金，镀金的方式就是考研；那也是一个人人都想创业的时代，那些想做点什么，又觉得考公务员特别没劲的人，最好的选择也是考研；还有那些想去大厂找工作的人，当求职受挫后，他们意识到原来小厂也可以，到最后发现小厂的活干起来也很痛苦，在一次次受挫之后，他们终于决定，算了，还是考研吧。晚几年找工作就意味着晚几年被拒绝，说不定考上研究生后，可以找到更好的工作。

这是我第一次在一对一的课堂上见到这么奇怪的人，他眼睛无光，戴着至少八百度的眼镜，桌子上是厚厚的资料，一件白衬衫从袖口到领子都是黑色的，他的鼻毛很长，整个人略显油腻，我刚走近他，就闻到一股很奇怪的味道，像发霉的牛奶。

"老师好。"他头也不抬。

"单词背了吗？"我有些胆怯地问。

"背了。"他说。

"真题做了吗？"我问。

他有点不好意思，点点头。

我的信心被点燃了些，一般这种表情，都是没怎么做真题的，而我已经在上课前将真题做到滚瓜烂熟，每一道题、每一个单词、每一句话我都熟稔于心。我点了点头说："来吧，坐，我们翻开第一百五十一页。"

他坐了下来，还没拿出讲义，就脱口而出："2002年的阅读吧，第三篇还是第四篇？"

"之前做过？"我问。

"老师……我考了八年北大。"他抬起了头，我透过他的眼镜看到他无神的眼睛,像是刚刚睡醒,又像是昨夜未眠。

"八年?"我问。

"八年。"他说。

他考了八年北大,八年的时间,定格在了北京大学的校外,他的时间可真不值钱,八年在重复做一件事。

我的后背开始冒汗,我刚准备说话,他说:"老师,这是我最后一年了,这里老师的课我都上过。他们让我选老师,我说有没有新老师,督导说您刚来,我就选择了您。从师如医,那么多医生我都看了,都宣布了我的绝症,我想看看您,说不定中医能救我。希望有机会能碰撞出火花。"说完,他就翻开了讲义。

我深吸一口气,暗骂凭什么是我,但我还是没说话,只感觉刚吃完的饭在胃中翻涌,几乎快吐了出来。我努力咽了下去,说:"叫王玉是吧,那咱们开始。"

我翻开讲义,看着一行行密密麻麻的英语,说:"这篇文章是比较难的,虽然你之前可能都做过,但可能还是有一些难点不太理解,我们全文翻译一下吧。"我想拉长战线,让每一个单词都占据一定的时间,这样,我才能熬过这两个小时。

我刚准备逐字翻译,王玉讲上了,他一口气没松,洋洋洒洒，把这一篇阅读的原文从头开始进行翻译："如果你想让幽默在你的谈话里逗笑别人，你一定要知道如何分享经验和问题。你的幽默必须和观众有关，并且展现你是他们的一分子……"

他越讲越嗨，我没有插进去话的机会。他翻译完文章开始翻译题干，然后又开始翻译选项，一边翻译还一边说："这一题选 A，我之前选择了 C 是因为我没看懂这个句式是一个倒装，现在看懂了，这句话的意思是……"

我一脸蒙地听着他讲，仿佛我才是交钱上课的那个人，直到他把这篇文章讲完，才看着我问："老师，我是不是理解得有问题啊？"

我愣了一下，说："那……其他几个选项你知道为什么错吗？"

"哦，对不起，我不确定我知不知道，第一题的 B 错在……"他继续滔滔不绝，我感觉耳朵嗡嗡作响，想让这时间过得慢一些，可是他越说越快。他讲完之后，问我："这是前几个老师跟我讲的，对不起，我综合了一下，因为他们讲的好多也是矛盾的。所以，我想问您觉得呢？"

"我觉得……他们讲的没问题，那看下一篇。"我说。

说"下一篇"三个字的时候，我的心是颤抖的，因为我今天就准备了两篇文章，如果讲完了，我就完蛋了。

"好的，我不知道我说得对不对，老师，这一篇讲的是……"他继续接管课堂。我像是一个主持人，在顺着流程，让他发散自己的光芒。一节课里，我的话并不多，他一遍遍翻译着，还一遍遍说着"对不起"。我甚至觉得这"对不起"应该是我说的，毕竟一节课这么贵。

就这样，两个小时过得飞快，我背后的汗一点点被体温烘干，他感觉自己前所未有地兴奋。到后来，我也踏实了，虽然我只准备了两篇文章，但有他在，不但帮我把后面好几篇文章翻译讲解了一遍，还让我听到了其他老师的解题方案。

他的语速越来越快，"对不起"说得也越来越少。

他讲了两个小时，直到第二个学生在门口敲门，他才意识到时间到了，于是又不停地"对不起"了起来。

我示意那个学生等我一下，喊了句"时间后面给你补"，又转向了他说："没事，你可以继续。"

"对不起，老师，我觉得您今天讲得特别好。"他说。

我的脸红了，心想，我啥也没讲啊，但我突然浮想联翩，于是问："上次是因为什么落榜啊？"

他说："政治和英语都差了五分。"

"专业课呢?"我问。

他点点头,说:"考得不错。"

我说:"英语基础没问题,为什么过不了?"

他又摇了摇头,我有些不解,我猜,可能是因为压力大。每一年都有很多基础很好的人,在考场突然因为压力巨大发挥失常,最后考研落榜,这样的压力随着"二战""三战"变得越来越大。

"所以为什么呢?"他说。

是啊,为什么?我心里想,但还是说:"是不是太紧张?"

他摇了摇头,眼睛里全是迷茫。

他说:"谢谢老师,不打扰了,我先走了。期待下次跟您学习。"说完收拾起自己的讲义,装进包里,站起身走到门口。我抬头看了眼表,又看了看他的光头,问:"你为什么不去当老师?你对真题掌握得这么熟练。"

他愣在了门口,说:"对不起,老师,我是学生。"

我说:"你对真题的掌握已经炉火纯青了,口才也不错,当考研老师一个月也不少挣,干吗非要考研,你怎么想的?"

他想了想,又摇了摇头,说:"我是学生。"

又说:"我要考北大。这是我最后的机会了。"

说完转身走了。

2

我后来才知道他考北大的原因，其实很简单，第一次考北大，就是希望自己能成为家里人的骄傲，父母听说他考北大，给周围的人都说了。但结果呢？没考上。就这样，为了面子也要考。于是一次又一次，八年过去了。

那段日子，好几个老师都病了，主管把他们的课都交给了我，我日复一日地上课、赚钱，银行卡里的收入越来越多。但就算这样，我还是上不完，因为课太多，多到全天排满了还是上不完。终于有一天，我跟主管说："我上不动了，我怕我有钱赚没命花。"我是想多上，但真的没时间了。虽然课时费高，但毕竟时间有限。一天之后主管问我："有没有合适的老师可以帮着顶一下？"就在这时，我的脑子里灵光一闪，我想起了这个人。

第二天，他又疯狂输出了四篇考研阅读，我在下课前提到了这件事。我说了很多,甚至说了工资,但他都无动于衷。"其实当老师挺好,你刚好可以温故知新,把你知道的讲给大家听,这是费曼学习法。"直到我说出这样的"鸡汤"后,他才若有所思,点了点头。

我找主管要了一千块的劳务费。我让他先上一节课试试,于是,他在焦灼的备考中,上台了,面对几百人的注视,他拿出教材,坐在讲台上,开始翻译2012年的阅读文章。他的状态和跟我上课时的状态一样,有同学让他慢点,他就慢点,同学们的笔一停下来,他又自然而然加快了速度。同学们的笔唰唰不停,他的嘴也叭叭不歇。两个半小时的课,他还拖了堂,总结了一套技巧,分享给了学生,下课的时候,学生们竟然起立鼓掌。

当天晚上,我恰好和他在一个校区,于是请他吃饭。我说:"听后台的同事说,学生特别喜欢你。"他说:"我也是自己复习一下,讲不讲得好对我其实不重要。"

我说:"你讲得特别好,后面还有几个班,你想不想上?"他还是婉拒了,说:"我不是这块料。我要考北大。"

我从口袋里拿出一个信封,里面装着劳务费,说:"你有天赋。"

他接过信封，用手摸了摸，放进口袋，然后问："后面几个班都有费用吗？"

我笑了笑说："当然。"这个回答给了他很大的动力，我想，那时他也是太缺钱了。

就是那个时候，他忽然意识到自己可以当老师了，也许是那个信封改变了他的命运，也许是我的鼓励，谁知道呢？我也慢慢明白，一个考了八年研究生的人，最适合的也许不是考上哪所学校当学生，而是成为其他考生的老师。就像这个世界上很多给自己树立目标的人，到头来发现那个目标并不是自己想要的终点，反而在实现目标的道路上发现了自己真正想要实现的理想。

就这样，我再也不给他上课了。后面几次见到他，都不是在教室，而是在教师休息室。他从一开始不敢看我，到开始跟我聊教研和教学，跟我称兄道弟，我再也没听他说过"对不起"，他的眼睛里充满了光。甚至有一次，他开始跟我吐槽学生多么难带，声音很大，表情自然。我一想，那天刚好是发工资的日子。

在考试前的最后几个月里，他越讲越好，学生喜欢他的课，还联名写信，希望他来讲冲刺班的课。我后来才知道，那时他不仅讲课越来越好,还在结课的时候跟学生唱了一首歌,是张学友的《吻别》,很多女学生听完感动不已。一想起这课结束后,一切就结束了,并且结束的不仅仅是课,更是她们的青春,她们就闹着让他教接下来的课,说他上哪个课,她们就报哪个。才几个月,他在北京校区就火了起来。

他本来想在临考最后几天安静地复习,谁能想到一个班的女学生联名写信给领导,要求他继续带最后的冲刺班。我的领导把我叫了过去,问他的情况,我说完后,领导也困扰了半天,问:"能不能让他来上课?"我说:"很难,因为他很贵,现在一节课从一千到两千了。"课时费虽然翻倍,但领导最终还是同意了。领导给完钱,我很难过,因为我一节课才一千多,他可以到两千,这说明这么多年我一直被坑着。

而这时,离研究生初试还剩最后两周,这两周我十分疲倦,一是因为每一个学生都很焦躁;二是因为我每一天都很忙,从早到晚地上课。在终于闲下来的一天早上,我给他打电话,电话那边,他还在像个疯子一样把最新一年的真题一字不差地背诵了下来。

他接到我的电话有些惊讶,就在我滔滔不绝地提出我的需求时,他突然很冷静地问我:"对不起,老师,您觉得我这次能考上北大吗?"

我已经适应他叫我兄弟了,他却又开始说"对不起,老师"了,这一句话把我弄得脑袋发蒙。过了很久,我才告诉他我觉得问题不大……

"这是我最后一次了。"他说,他必须考上,考不上生活也就没了意义,他会自杀的。

我不知道怎么面对他的自杀,因为我没有自杀过,也没有面对过自杀,于是我问他:"上次你上课的时候,有没有什么不一样的感觉?"

"我很紧张,我怕考不好。"他说。

"我的意思是,你喜欢这种上课的感觉吗?"

他终于被我拉了回来:"我感觉自己自信了一些。"

"那你还想不想来上课?"我问,"还是有费用的。"

电话那边沉默着,我刚准备说点啥,他马上接了一句:"不了,我马上要考研了,北大是我的梦想。"

他说得很坚定,他的话语像是上阵杀敌前战场上放出的进行曲,震耳欲聋,不容反驳。我没有办法,把两千块劳务费退还给了领导,这件事让我第一次下定决心要离开那里。

我记得那天听他说完这句话,就感觉天气突然降温了。我戴着帽子和围巾走出家门,呼出一口热气。若不是生活所迫,我一定不出门忍受寒冷对我的摧残。但谁不是为了生活呢?那天我上完最后一堂课,给学生们深深鞠了一躬。我一出校区,发现刚下了场大雪,白皑皑的一片映入眼帘。我踩着脚印,心里空落落的,像是少了点什么。

3

每年考研的前两天,都有好多学生给我发信息,还有跟我通电话的。有些是问问题的,但是大多数人只是找一些心理安慰,有些甚至让我挂电话前保佑他们"一战成硕",还像孩子一样让我说出来:"老师,你就说'你肯定能过的'。"其实他们自己也知道,这个时候打电话请教任何问题都为时已晚,除非押到题,要不然都是临时抱佛脚,但别小看这些安慰,有些的确管用。也有人直接就说:"我单词还没背完,但我就想来沾沾福气。"

王玉考试前,也接到了不少电话,这是考研八年都没体验过的，他开始明白，大家都紧张，没有人例外。许多学生知道他并不是全职的老师，反而增添了几分亲切感，觉得他和他们一样，学生们给他发信息：

"老师加油，我们也加油。"

"老师，你能不能给我回一个'逢考必过'。"

"老师，我觉得考前跟您发个信息肯定可以过……"

还有同学说："我觉得您像一个脱离世俗的扫地僧，以后就叫您王大师了，等我过了就来还愿。"

"我考上跟您一样出家。"

他哭笑不得，摸摸脑袋。

一年后，他把这个故事讲给学生听，"王大师"三个字传遍了整个考研界。当然，这是后话。

一个女孩子，也考了两年北大，叫方音，在考试前几天因为焦虑跟他打了几个小时电话。他们很聊得来，因为方音跟王玉一样也考北大法学研究生。方音本来抱着请教王玉的心态，却在听他讲真题和经验时，情绪崩溃了。她心想：这家伙什么都知道，我怎么可能比得过他？她一哭，王玉就心疼了，于是在电话里问她在哪儿。两个人相约在咖啡厅里交流，说是交流，其实是在一起抵抗着时间和考试的双重压力。这压力，无时无刻不在压着考研人，他们期待上岸，却必须等待一切结束。

据我这么多年的观察，研友是最容易产生感情的：他们有着相同的目标，承受着同样的压力，面对着相同的逆境，还能彼此鼓励，这样的感情很容易就升温了。

果然，两人很快就有了感情。考试前，两人顶着黑眼圈，达成了共识：如果他们俩都考上了，就在一起，在北大谈一场恋爱。如果考不上呢？不说考不上的事情，没有考不上的可能，呸呸呸。

我其实在考试前的最后几天里，又给王玉打过电话，告诉他我们需要他来当老师，还说了我们可以开出很高的工资。但他在电话那头，依旧果断地回复我说："不了，谢谢。"

一个人在盯着目标的时候，是幸福的，同时也是悲催的，幸福是因为一心一意，悲催是因为看不到更广阔的风景，从而容易一叶障目，至少我是这么认为的。这么好的机会，他怎么忍心拒绝？不过，每个人都有年轻气盛的时候，为了梦想可以付出一切，直到头发开始脱落，熬不动夜，身体开始变差时，才发现青春没了，梦想还在远方。

可能是老天故意要为难一个有执念的人，王玉在考试前一天接到一通电话，父亲因为癌症住院，需要一大笔钱。这个消息一来，他慌了，因为他根本没有钱，更别说这么一大笔。可是，他不能分心，八年了，这是他最后的机会。但父亲的病不能拖，自己还能怎么办？

第二天一早，广播里传来声音：2012年，全国硕士研究生统一考试于2012年1月7日到1月9日进行，全国报考人数为一百六十五万人，比去年增长6.9%，创历史新高，而录取人数只有大约五十万……

王玉检查着自己的证件，来到校门口，刚好看到了方音，两人拥抱在一起说加油，然后分别走进考场。教学楼像白雪公主的城堡，无数的人来到城堡里寻梦。他们追寻的并不是白马王子，而是成为这个城堡的国王，他们不想靠任何人，他们是自己的国王。王玉走进教室时，老师正在检查准考证。王玉将手机关机前，收到了一条我的领导给他发的信息："您好，王玉老师，我们综合考虑，认为您特别适合当老师，真的期待您考虑一下，薪资都好谈。最后，祝顺利。"

我知道领导是真的着急了，要不然不会亲自出马，因为那一年，考研人数达到新高峰，这意味着需要更多老师去上课。而我也就是在那一天提出了辞职，因为我知道，另一个大势要来了。

当然,这也是后话。

王玉看到了短信,但想了想北大和自己八年的梦想,没有回复便关掉了手机。

随着铃声响起,他开始答卷。他看着满卷子的政治题目,汉字密密麻麻的,可是脑子里却有无数声音在徘徊:爸妈,我坚持八年了,我不能让你们失望;小美、小丽、小春……你们之前甩掉我,是你们的错误,你们会后悔的,我会证明给你们看的;我不会让你们看不起我的,我要考上北大,拿到录取通知书的第一天,我要发一条状态,文案我都想好了——八年,磨一剑……

他越想心越乱,试卷上的内容看着越来越模糊,他的心态也越来越糟糕。他突然想起刚刚诊断出癌症的父亲,想起母亲沧桑的面庞,想起自己已经三十岁却还没赚到钱的窘境。他越想,卷子越模糊,他好像看见了自己的泪滴,看见了自己的未来,他脑子里越来越乱——如果这次又没考上,我还怎么活?我是真的自杀,还是再坚持一年?我的未来还有什么希望?他摸了摸自己的脑袋,湿漉漉的,他知道他的脑袋出汗了,他脑子越来越乱,乱到明明知道的答案,却还是写错。

王玉的家庭并不富裕，爸爸是工厂的工人，妈妈是银行的业务员，眼看爸爸就要退休，却检查出癌症。无数的声音在他的脑子里乱蹿：难道说，爸爸不能看见我辉煌的未来了吗？不过我还能有辉煌吗？不，妈妈说只要钱够，膀胱癌是可以控制住的，只要定期灌注，是可以控制住的。可是，灌注费用要多少？我现在的存款还够吗？我以后该怎么办？我要是考不上要不要自杀？

他的脑子越来越乱，右手重重地捶了一下桌子，考场里所有人都看向了他。他举手，跟老师说自己想要上个厕所。

一位年轻的女老师三步并作两步走来，说："刚开始不到半个小时，不能上厕所。"

王玉有些生气，他说："老师，我考了八次了，怎么就你不允许？不允许上厕所，是想让我拉裤子里吗？"

他抬头看了眼这位老师，不出意外的话，她应该是第一次监考，有些手足无措，于是，王玉说："你去问问你们组长。"

女老师让他稍等，很快找到了监考组长，简单交谈两句后，监考组长派来一个男老师，带他去了厕所。他关上门，面对坐便器，胃里突然一阵痉挛，把早餐一口气全部吐了出去。他的眼睛通红，捏着喉咙猛咳了几声，像是要呕出那八年的青春。

外面监考老师敲了几下门:"同学,你没事吧,你吐出什么了?"

他按了一下马桶冲水按钮,走了出来,拍了拍监考老师,说:"我吐了早餐,没吐出考试答案。"说完走回教室,监考老师有些着急地说:"我看看你口袋,你等等,我看看你口袋。"

王玉走到监考老师身边,说:"我不考了,我不考了行吗?"

说完,他把卷子塞到监考老师的怀里,然后拿着自己的东西走出考场。他一边给手机开机一边泪流满面,他没想到自己考第一科就放弃了,没想到自己最终还是考不上,他没想到自己浪费了八年的青春,更没想到自己用实际行动证明了自己是个废人。所以,自己未来应该怎么办?是要离开世界,还是离开北京?又或是再也不回家乡?他从考场出来时,考场里一片寂静,他面对教学楼深深鞠上一躬,他知道,是时候说再见了。

他跌跌撞撞地走到学校门口,坐在马路牙子上发呆,一边发呆一边擦眼泪,他看了一眼手机,再次看到了那条我领导给他发的信息。

他愣在原地,过了很久,才回了一条信息:

"一个月能给多少钱?"

4

有时候人长大就是一瞬间的事,有些人是家人去世时,有些人是自己得病时,但是大多数人还是突然发现自己没钱的时候。在厕所呕吐的那一瞬间,王玉突然明白了,这八年他奔向了一个完全错误的目标,他根本不适合考研,这目标让他穷困潦倒,让他结不了婚、生不了孩子,让他家人饱受苦难。但要说这八年的路全部错了,也不是,因为接下来发生的事情,是他自己这辈子都想不到的。人有时候就是这样,换一个目标,就看到了不一样的世界。因为接下来,他人生的高光时刻,才刚刚开始。

他入职了我的前东家,接替的就是我的位子。就是从那天起,他穿上了西装,打上了领带,当上了老师。在那个只要会讲点什么都能当老师的时代,他也当上了老师。他根本不需要怎么备课,甚至不需要培训,因为八年的考研经历,让他把每一道题都摸得滚瓜烂熟。八年的被培训经验，让他早就成了培训大师，他虽然不知道下一年要考什么题，但过去所有的题他都会。他几乎上过每一位名师的课，甚至熟悉每一位老师的教学体系。他站在台上，几乎是不费吹灰之力，张口就能把一道题讲清楚，超快的语速和清晰的逻辑，让学生们无比喜欢，加上他天生的光头，让人觉得他特别有权威感。于是，学生们都叫起了他那个外号：王大师。

"信大师，不挂科；信大师，一战硕。"这口号越传越远，越来越多的学生来到了他的课堂。从那时起，他的声音粗了，嗓门大了，讲话有底气了，连腰板也挺直了；他还是喜欢穿白衬衫，只是他的白衬衫越换越干净；他换了一副眼镜，上面没有镜片，因为他戴上了隐形眼镜，这样一来学生能看清他炯炯有神的眼睛了，他一张口，学生们就觉得权威来了——这人一定是经历了太多，才能有这样的光头；经历这么多的人，一定是脱俗的。

王玉在历时一年的高频上课后，很快适应了这种状态。他几十人到几百人的班级都带过，他还开始一对一地上 VIP 的课程。在他上课上到头皮发麻、赚钱赚到手软时，方音考上了北大的研究生。她拿到录取通知书是一个下午，王玉刚上完课，他知道这件事后，不知道是喜是悲，声音小了很多，对她说道："恭喜啊。"

方音好像很懂王玉，于是拍了拍他的肩膀。两人在吃饭时聊起未来，方音滔滔不绝地聊着考上北大后的感觉，王玉却一句话也不说，只是默默地喝着水吃着菜，直到他接到一条信息，上面显示的是过去一个月酬劳的金额：三万五千元，他的声音才又大了起来："方音，你的学费我帮你出了。"

那之后他拼命上课，拼命赚钱，他从小班到大班，再到超大班，疯狂上课。他没日没夜，甚至从北京到广州出差讲课，从北到南，他影响的学生越来越多。直到有一天课后答疑，一位学生站起来问他："老师，您的课讲得这么好，能问问您研究生是哪个学校毕业的吗？"

他挠了挠头，说："我没考上。"

当天，这个消息就传开了，引得一片哗然，大家叽叽喳喳。

虽然他又说"不过我教了这门课好多年"，可依旧挡不住学生潮水般的抱怨。第二天，这个班半数人没来上课，还接到了两条投诉，退费率也很高。在评分卡上，大家的评论五花八门：

"一个没考上研究生的人,凭什么教我们?"

"浪费了我们这么多时间,退费!"

"没有金刚钻就别揽瓷器活儿,这算什么老师……"

他还遭到了投诉,这是他第一次遭到投诉,仅仅是因为说了两句真话。他开始反思自己:一个没考上研究生的人,就不能教考研英语阅读吗?这考研英语阅读无非就是把过去的真题研究得滚瓜烂熟,但话说回来,把过去的考研英语阅读做得滚瓜烂熟,未来的考研英语阅读就一定能拿到高分吗?凭什么用过去的知识预测未来?不过话又说回来,之前那些上过自己的课考上研究生的人,真的是因为上了自己的课吗?他陷入了沉思,本想就此放弃课堂,可还没有等他弄明白这些问题,他的领导力排众议,让他继续上课了。第一,是因为招生人数太多,实在缺上课的老师;第二,太多学生喜欢他,喜欢的人超过了那些投诉的人。

后来,他的主管跟他说:"王玉,下次你别说没有考上研究生,你就说你考上了!"

"那我说我考上哪儿了?"王玉问。

"你随便说一个。"主管说完就走了。

第二天他开了一个新班,果然,课间又有学生举手问:"老师,您是哪个学校毕业的?"他站在台上,不知如何应答,竟然脱口而出:"我上的是北大法学院。"

台下的学生先是感叹,然后是震惊,最后甚至鼓起了掌,学生们眼睛里都是小星星,仿佛看见了自己的未来。

就这样,他的课越来越火,"王大师"的名号传到大江南北,整个学院路一说考研就说王大师的方法好用,讲课有趣,甚至说他长得就像能上岸的样子。好多人坐几十个小时的火车就是为了上一次王大师的考研课,他们一遍遍说着:"信大师,不挂科;信大师,一战硕。"这口号越传越远。

第一年,好多同学考上了,他们还在网上组织了一个社群,考上后找王玉还愿。就这样,他的影响力越来越大,他的课也越来越多,于是他讲得越来越熟练,从而课变得更多。他越忙,心里就越踏实,尤其是每个月十号发工资的时候,那是他最踏实的瞬间。

他本来想考北大,却在人生的路上开了个小差,生活给他开了一个玩笑,他就玩了起来,然后笑了出来。很快他开上了自己的汽车,也租了更大的房子。这一晃,他就当了四年老师。这时方音从北大毕业,去了一家律师事务所,和他结了婚。

再之后,他在北京付了套房子的首付,虽然房子在五环外，但是他的梦想也在那时发了芽。又过了一段日子，父亲的病情被控制住了，虽然药物比较贵，还需要他继续努力赚钱，但他也终于踏实了。他感到前所未有的力量流淌在他的身体里，他甚至觉得自己已经长出了头发，正在随风飘扬。

这样的生活持续了四年，直到某一天，他发现学校的生源开始慢慢变少，线下的班级几乎都坐不满。人们把大量的精力放在手机上，仿佛拥有一部手机就拥有了全世界。手机上可以点餐、可以打车、可以叫外卖、可以购物……连他们的课，也可以通过一根网线，传递到天南海北。学生们开始习惯在网上上课，于是线下的班就越来越少了，于是这一年，领导给他的任务是去高校讲座负责招生。

为了上课赚那不菲的课时费，他开始飞来飞去。没过多久，生活和工作让他开始疲倦，每天循规蹈矩，虽然面对的是不同的学生，但讲的话大体一样，自己没有进步，生活也陷入麻木。他想要个孩子，可是方音开玩笑地对他说："你在家的天数，连两只手都可以算出来。我要生了个孩子，还真不一定是你的。"王玉心想的确如此，就暂时放弃了这个想法。方音的工作也开始忙碌了，而她和他的生活恰恰相反：一个周一到周五要打卡，一个周六、周日要上课；一个白天要上班，一个晚上要出门。

他的生活陷入了瓶颈,觉得上不去也下不来。他想起那八年有梦想的岁月,可是每次刚想思考得更投入一些,就想到要交的房贷和这个月的工资,立马觉得自己还能再多跑几个城市。

有一天,王玉在深圳出差,两场讲座后,他准备飞回北京见太太,市场部同事给他打电话说:"王老师,您还能接课吗?"

"我想回家陪我太太,我就不接了。"他说。

"这个地儿还非你莫属。"

"不是在北京吗?"王玉问。

"北大。"同事在电话里说,"这讲座只能是您,您也回母校一趟吧,这叫衣锦还乡。"

他感到脑子嗡嗡的。北大很大,他只好好逛过一次北大的校园,那时他还很小,刚刚落榜一次,从北大走出来就哭了。从那之后,他发誓,如果考不上北大,就一辈子不踏入北大的校门。好几次他喝多了,路过北大东门的地铁,头也不敢抬,让自己大步走过去。可这一回,命运再次把他推到了北大门口,让他走进去,不仅让他走进去,还让他走进教室,走上讲台,走到那群自己羡慕的人面前。

"我要好好准备一下。"他说。

"您这都轻车熟路了，还用提前准备吗？"同事说。

"要……要的。"他说。他当天就飞了回去，飞机起飞的时候，他看见一切高楼大厦都逐渐变得渺小不堪。

5

在这儿我要讲讲考研的逻辑。考研包括英语、政治和专业课，考研英语分只占总分的一部分，很多院校录取时只需要你的英语和政治过线就行，换句话说，你只要英语不太差，就能过。阅读占考研英语较少的部分，只有一百分里的四十分，所以，靠阅读过线的偶然性较强。很多学生以为自己能考上和培训机构有很大关系，其实并不一定，很多人不用培训也能过线。比如一个考试，假设平均每年89%的人能过，那么这个考试的通过人数就是按照比例来的，不是按照分数来的。你无论考多少分，只要考到前89%，就能过线。

后来，王玉真的去北大了。去北大前，他的老婆给他买了一套合身的西装，说："别紧张，就当回了母校。"

"这哪里是我的母校。"他说。

"那就是丈母校，也能简称母校。"方音笑着说。

谁也没想到的是，他在北大的讲座，台下座无虚席，他没想到，北大也有这么多人想要考研。他做了几次统计，才知道大多数学生还是考本校。他叹了口气，又想了想自己八年的青春，突然意识到，自己考不上是有理由的。这竞争压力，是无形的大。他在台下候场，心脏怦怦跳，学生会的小姑娘介绍完他是北大的学长后，他踩着掌声就上了台，在掌声中他鞠了个躬，开始了自己的演讲。他讲得很顺，一口气就讲完了，讲完后，他还不忘鼓励大家："只要你们足够努力，一定也能像我一样，再续和北大的缘分。"他没说假话，因为他没说自己考上了北大研究生，但他的确是续上了和北大的缘分，他想说的其实是不要在一根绳子上吊死，就算考不上，也总有其他机会。但他不能说，因为这是一场考研励志演讲。

台下掌声雷动，他也松了口气，准备和学生互动。在互动时，学生们无不紧张地站起来提问跟考研相关的问题，直到一个男生站了起来："您好，我有一个非考研的话题想问您。"

"请说。"王玉说。

"我们都说榜样的力量是伟大的，我就不叫您老师了，我想问，学长您是哪个系的？"那个学生说。

"我是法律系的。"他有些紧张。

"我也是，那您的老师是？"那个学生说。

他愣在台上，脑子里疯狂回忆着老婆的信息，她有没有说过哪个老师，有没有说过上什么课，他愣在台上，不知如何是好，他艰难地抬起了头，汗水流了出来，他说："有没有考研的问题？"

那个学生拿着麦克风，说："没有。"说完，坐下来了。

他松了口气，学生们也没有怀疑，可是没过多久，这段视频上了网络，还在考研群里被传得到处都是，这时他和他的公司才意识到是竞争对手搞的鬼，他也意识到，自己在这个圈子里红了。问那个问题的"学生"，其实是个同行，眼红他每一场演讲都能来那么多人，于是故意问了他这样的问题，然后录制下来发在网上。

很快，这条视频在网络上发酵，伴随着一片的骂声：

"原来是个骗子。"

"没考上研究生，怎么就当上了考研老师？"

"这样的'老湿'，可信度太低了吧。"

…………

不过没过多久，舆论又反转了，好多听过他的课然后考上研的学生在网上发声了：

"人家考了八年北大，教你不是绰绰有余？"

"你有什么资格质疑王老师？"

"先听听课再评价吧……"

…………

他在家里看着自己的微博评论区像潮水一样，留言一条接着一条，这一条条留言浮现在他的面前，他不仅没有生气，反而开始反思，这些话是不是说对了，如果说对了，自己的梦想到底去了哪儿？自己为什么走到了今天？今天的生活还是自己想要的吗？

他躺在床上，想安静地思考一下自己的未来，可是脑子却一片混乱：我能讲一辈子的课吗？我能让更多人通过考研吗？讲课真的是我的梦想吗？

他正想到这里，接到了一通电话，是我给他打的，我想把他挖到我们公司来。对了，说说我，那时我刚做了一家公司，互联网教育相关的，叫考虫网。

6

那是一个在线教育的黄金时代，在线教育能最大程度地赋能老师的影响力，原来一个老师最多只能影响一个班的几百个人，现在一节课可以影响几万个在世界各地的学生。那也是个资本疯狂扩张的年代，资本看明白了在线教育的疯狂模式，于是大量的热钱都杀了进去。

就这样，在线教育越来越火，王玉也就是那个时候，加入了我们的团队，成了一名网课老师。

他之所以加入我们，一是因为我们提供至少几倍的课时费，二是我毕竟是他的老师。我教他的最后一门课，是一套在线教学的话术，这后来也成了他的"保护伞"，那套话术的大意是："我的确没考上研究生，但是我带了几十万的学生，他们都考过了线、上了岸。"每当学生问到他，他都用这句话开头。

"我考了八年北大，北大拒绝了我八年。的确，在传统的教育理念里，我是一个失败者。但我明白了，只要努力，人生总会有意外惊喜。就好比到今天，我可能没有爬上那座山，但我有很多跌下来的经验，于是，我成了麦田里的守望者，看护更多人别掉下去，让更多人爬上那座山。"

当然，他后面这番演讲词也经常变动，但最主要还是以励志为主，学生听完后无一不感动。有了互联网加持，他的学生越来越多，他的"信徒"也越来越多。他最开心的事情就是不用出差了，一根网线，就可以把他的想法传递到大江南北。很快，全网几百万人认识了他，也就在那个时候，越来越多的资本加持了我们这家公司，我们相信，只要努力，就能一起把这家公司送上市。到时候，我们就财富自由了。

我们拿了期权和股票，开启了至少二十个项目，从考研到四、六级，从托福、雅思到SAT，从高中到小学，我们想着：只要有教育的地方，就有我们。

随着课越来越多，王玉赚到的钱也就更多了，于是他要求上更多的课，他经常跟我说的一句话是："等上市那天……"

就这样，他跟上课机器一样，无时无刻不在直播，从早上起床到晚上睡觉前，几乎没有停下来的时候，每天在家或者在公司就把自己关在一个小房间，疯狂上着课，时不时传出喊叫的声音，上完课后，房间里要寂静很久。

方音看他越来越疲倦，却不知道应不应该安慰，时常在房间里大气不敢喘一下。

有时明明两人都在家，却说不上几句话。

"等我们公司上市了,一切都好了。"他说。

"那……你还考研吗?"

"还考啥?"他说,"考上了能有我今天吗?"

他就这么又上了几年课,把一拨又一拨学生送进考场送上岸,一晃,他已经三十七岁了。过生日那天,他没请人,就一个人在楼下点了根烟,他想起十年前,女朋友甩掉他的情景,那时他考研考了八年,他记得女朋友说:"你就这样一辈子没出息吧。"

他笑了笑,看着烟圈飞向天空,一圈一圈,一会儿就与夜晚的黑暗混在了一起。

第二天,他打电话给我,说:"兄弟,我觉得还会有更多的人考研,我们要做大做强。"

我没听明白他想说什么,就问:"怎么了这是?"

"我们要加快上市的节奏,现在我们的市场占有率还不够大,明天找你聊聊?"他说。

"不了,兄弟。我准备辞职了。"我说。

"为什么?"他问我。

"我想好好写小说,这是我的梦想。"我说。

这是我最后说给他的话,给别人说了那么多年人要有梦想,第一次说到自己的梦想,竟然觉得挺尴尬。我当时不知道我这番话是不是影响了他,但是我后来知道了,应该是影响了的,要不然就没有后面的故事。

我走了之后,王玉接管了我的业务,他的打法可是比我野蛮多了。

他开始带着团队造概念,他们发布的广告和投放都在传递着这样的价值观:如果你迷茫了,要考研;如果你工作受挫了,要考研;如果你生活遇到瓶颈,要考研;如果你失恋了,要考研;如果你生完孩子想要职场第二春,要考研……总之,每个人都应该考研,出国没用,考公没用,考研才是未来。后来我才知道,他背着KPI和其他几个部门较量呢。

这样的广告在资本的催化下越来越多,老师也不只是负责讲课了,还要负责学生的续班;一个老师讲得好不好不重要,重要的是学生有没有续报,这就涉及一个很大的难题,如果要让一个考研班都续报,那就意味着老师不能把所有的真才实学拿出来。因为一旦都讲完了,都实实在在地全部交付了,结果可能是学生一次性都过了,没有人续报了。但如果不讲完,又不是教育的本质。这让人如何是好?正在他纠结的时候,疫情来了,学生普遍上网课这种模式帮了他大忙。

那段日子,所有年龄层的学生都必须留在家里上网课,尤其是小学生、中学生,他们去不了学校,只能选择网课,公司的这条业务线业绩飙升,王玉也超额完成了自己的KPI。不仅是他,各个国内考试部门都超额完成了KPI,就在疫情最严重的时候,他们公司递交了IPO,为最后的上市做打算。

递交IPO那天,他感觉自己的后背直了,也是那年,方音怀孕了。

那一年,北京新发地疫情反复。但他想明白了,疫情虽然严重,但只要自己还有一根网线,就能赚到钱。他想着上市之后,可以买游艇、别墅、直升机,他想着可以环游世界,想着快要出生的孩子,然后打开讲义和电脑继续上课。

他那讲了七年多的课总共有三十个小时,三十节课,每一节课他都能讲得滚瓜烂熟。在他带了一个新班、课程讲到一半的时候,他听到了一条消息:他们的招股书不被看好,IPO被驳回,上市时间遥遥无期。在电话会议里,他听创始人说,可能是疫情原因,等疫情结束,就可以上市了。他继续上着课,在那个班的课程上到三分之二的时候,他又听到一条消息:国家重拳整治教培行业。等到三十节课全部讲完的时候,他听说了另一个消息:K12行业不允许资本化、上市,教培行业的时代结束了。

这一年,他刚好三十八岁,教考研英语阅读八年。

7

这日子,真不经盘算,八年了。

那段日子,教培行业如丧考妣,一个大楼里的人们排着队去离职,一些员工卖掉自己的电脑给自己发工资,一些员工跑到 CEO 办公室哭诉着自己的 "N+1",CEO 或创始人携款逃到海外的不计其数,只有一两个真正的企业家,在积极致力于转型去卖农产品和做素质教育,赔付员工 "N+1",他们还把课桌椅捐给山区有需要的孩子。资本溃逃的背后,是几万家庭梦的破碎,他们逃离北上广,降级消费,丢掉梦想,从此关闭朋友圈,一蹶不振。

王玉也不例外,从原来的期权+底薪+奖金,变成了和过去一样的课时费。这一下,他被打回到了八年前,他的眼睛又开始黯淡无光,他的声音又低沉了下来。他总是摸着自己的头,嘴巴里嘟囔着,絮絮叨叨,仔细听才知道他在背诵最新一年的阅读题，一遍遍地重复着。

公司受创后，他的位置被一个比他年轻十岁的管理者代替了，连他的课都被年轻老师代替了，因为年轻的管理者底薪要得更少，年轻的老师比他听话，还比他有活力，最重要的是，比他便宜。这是所有大公司的逻辑，谁便宜用谁，节约成本是第一位，谁也不会顾及你之前的努力，他们只盯着当下和未来。

工作受挫，像是抽掉了他的魂，他的状态越来越不好，他感觉自己的精神感染上了疾病，胡子越留越长，他的那件白衬衫又脏了回来。他不爱外出，甚至不愿意跟人说话，除非是他必须上的课，他才会打开电脑，艰难地清着嗓子。方音看在眼里，心提到了嗓子眼。这日子持续到他的房贷快要还不起时，他愈发感到焦虑，于是不得不去找比自己年轻那么多的领导要课，他甚至不认识这位领导是谁。

而那个年轻的领导只是冷冷地说："教研您也不来，培训您也不来，怎么要课的时候来了？"

"我讲这门课八年了，还用教研吗？"王玉说。

"哦？是吗？"年轻的领导从抽屉里拿出一沓试卷，是去年刚出炉的新题。

一个小姑娘递来一支笔，他接过来，坐进一个教室开始做题。

他开始写作文时，那些字母和单词仿佛一瞬间让他穿越回八年前。他摸了摸自己的脑袋，突然发现不紧张了，这只是一张卷子，一张普普通通的英文卷子。这份卷子的题目虽然都是新的，但是他每道题、每个句子、每个词都能弄懂，他跳出了自己的方法论，开始一心一意地做题。他仿佛回到了第一次进考场的时候，那时他还有头发，还是个青春少年，还对未来充满希望。

他一道题一道题地做，一个个瞬间戳进他的脑海，他对着卷子，突然哭了。这些卷子，这些题，就这样陪了他十六年，八年加八年，整整十六年，这是他的青春。现在，卷子还是当年的卷子，自己已经不是当年的自己了。

他最终还是没有做完那张卷子，就匆忙离开了办公室，回到家，他看着一屋子的资料和讲义，眼睛又红了。

他的老婆挺着大肚子，一步步走到他的旁边，轻轻拍了拍他，然后低声地说："咱们可以回家的，不一定要定居在北京。"又说，"我其实也不喜欢北京，咱们怎么都能生活对吗？"

他一下子又哭了。他摸着老婆的肚子，感受到小朋友一脚脚踢在肚皮上的动作，他又笑了。

"我说真的,回老家多好啊。咱们把北京的房子卖了,回家。"方音说。

"你说,这些年我在忙什么啊?"王玉一会儿哭一会儿笑。

"那你想想,自己当初为什么要出发吧。"方音搂住他说。

他摘掉了他的没有镜片的眼镜框,捏了捏自己的鼻梁,他说:"那我再试试?"

方音点点头。

"那这可是第九次了,万一又……"王玉说。

"至少不留遗憾了。"方音说。

❽

对于一个男人来说,妻子很重要,不是在他辉煌的时候,而是在他低谷的时候。好的妻子会让男人找到家的感觉,帮助他找到回家的路,无论在外面受到多少委屈,回到家就是港湾。

在妻子的鼓励下,他决定重新备考北大。虽然只剩两个月,但他认真准备了专业课和政治,在考试前一天,他还看了看英语，然后又轻蔑地放下了真题，心想，这玩意儿我都搞了十多年了，还有什么好看的。备考的两个月，他过得很安静，虽然没有收入，但感谢妻子帮他扛住了生活的压力，感谢妻子又兼了几份工作养家糊口。他的眼睛里充满着光，他感觉自己的状态又回来了。

在考试当天，他终于得到了年轻领导的重视，领导发信息给他，希望他来做考试当天的直播答疑，但他毅然决然地走进了考场。在进考场前，他和第八次进考场一样，又收到了几条信息，只是那时发送的是短信，这次已经变成了微信。

"你赶紧来上课，要不然这就是最后一节课。"

"你后面不想赚钱了吗？"那边连珠炮似的信息轰炸着。

他看了看手机，低头不语。这和八年前的场景似乎重合了。只是，他已经老了。

他走进考场，看着熟悉的卷子和题型，心头一松。他嘴角露出笑容，开始奋笔疾书。太阳照耀在当空，云彩很稀，有鸟儿在高飞，他志在天边。

几个月后，研究生初试成绩公布，他过了，其他科目的分数都很高，唯独英语最低。这实在让人唏嘘，八年的英语教学，重复性的活动，却让他的英语越来越差。他拿到录取通知书的时候，没有太大反应，但方音哭了，哭得稀里哗啦，而王玉只是看着这张纸说了句："就这啊。"

他还记得参加面试时，导师问了他很多专业问题，到了最后，导师还问了他："你为什么考北大？"

他说："我不记得了……我只记得，这是我追了十六年的梦。"

那年他三十八岁。

他重新走进了校园，他感觉自己长发飘飘，衣摆随风飘扬，如同他曾经穿着白衬衣，和心爱的女生奔跑在操场，那感觉，像是重生一般。

那一年，他和方音的孩子也出生了，他给他起名叫王重生。

方音问他："你觉得孩子以后能做什么？"

他看着孩子，对他说："你想做什么就做什么吧。"又说："爸爸爱你。"

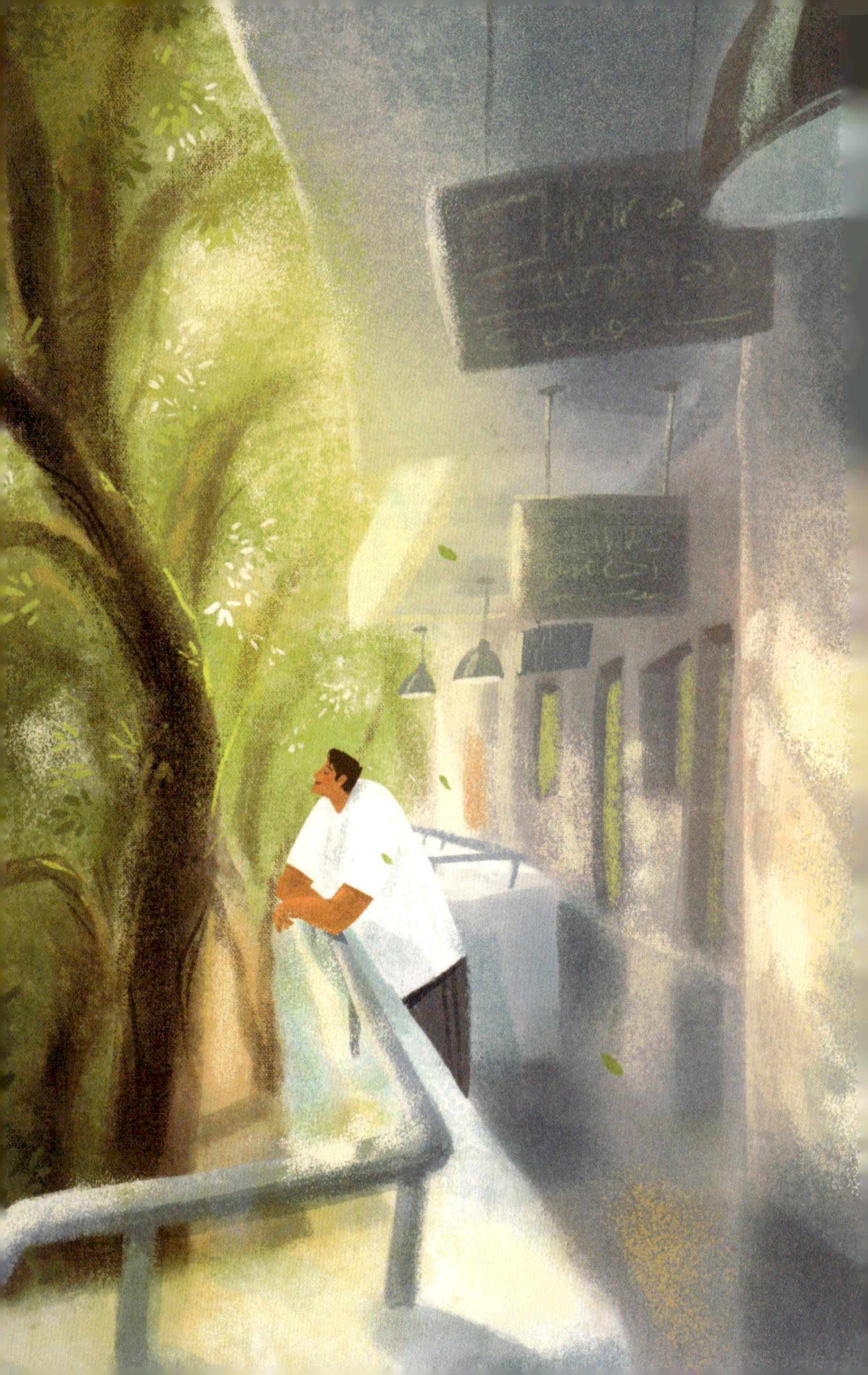

再养自己一次

我曾经在很多次演讲中,都跟孩子们说过一个事,那就是不要过度地关注原生家庭,因为你的父母也是第一次当父母,他们也并没有想过自己能把父母当成什么样,所以他们在第一次当父母的过程中一定会犯一些错误,或者不能称之为"犯错误",而是"留下一些遗憾"。

如果我们看了太多原生家庭存在缺憾的故事,并且过度强调原生家庭对我们的伤害,就会忘记一件事:其实,你可以重新养自己一次。

你的人生应该由你自己掌控,和他人无关。就算是你的父母确实给你带来了很多伤害,你也不可能把他们训一顿,再让他们重新养你一次。但是,你可以自己养自己一次。你是一个独立的个体,你应该为自己负起责任。

有一天你也会当父母，你也需要慢慢摸索很多事情，你也会替你的孩子做一些决定。你不知道等你的孩子长大后，这些决定是以一种清算的方式回到你身上，还是你的孩子选择忘掉那段不高兴的过去。

人生的路就像一株植物的生长，从种子落入泥土的那一刻起，就开始了它独特的旅程。有的种子落在肥沃的土地，有的则被扔进了沙漠。但它们都面临同样的问题：是选择生长，还是就此枯萎？

你不能选择起点，但你可以选择如何滋养自己。我告诉每个孩子，不要把时间浪费在仇恨和悔恨中。很多父母也不过是第一次当父母，他们的过失或许给你留下了伤痕，但这不应该成为你前行的绊脚石。我们可以重新养自己一次，用过去的痛苦去种下新的根。

我也经常回想起小的时候，我的父母对我做的一些不好的事，但很快，我又会想：那又能怎么样呢？

那些都过去了，我已经不是18岁之前的那个孩子了，我有独立的行为和自主的意识。如果是这样，为什么不能重养自己一次呢？

我一开始是在直播里提出"重新养自己一次"这个概念，

后来很多人把它剪成视频切片进行传播，也有很多人把这个概念牢记于心，又进行了二次创作。我很高兴这个概念能引发那么多人的共鸣。

事实上，这个概念源于我的一个学生的经历。她叫林小宁，接下来，我要讲她的故事。

❶

林小宁清楚地记得几年前的这个时间，那时家里是热闹的。她的同学和老师也很喜欢她，因为知道她家不一样。每次小宁回到家，总是看到爸爸在厨房里做饭，而妈妈坐在餐桌旁翻报纸。

她呢，总是在饭后捧着一本出国留学的指南，兴奋地计划着未来的生活。

那个时候她在大街小巷总能听到一首歌。歌曲的作者叫曲婉婷，那首歌叫《我的歌声里》。那首歌当时红遍大江南北，林小宁怎么也没想到自己未来的命运会跟这个女歌手莫名有些相似。那时候的她总觉得自己的人生像一个精心包装的礼物，对未来充满期待。她的父母也告诉她，不用担心任何生活或经济上的问题，只需要好好学习，往前走，爸妈会给她做坚强的后盾。

而现在，厨房一片冷清，报纸早已不见了。父亲经常步履蹒跚地在客厅走两步，然后就去睡觉了。命运礼物的包装被撕碎了，露出了里面空荡荡的现实。

她的手指轻轻摩挲着囚犯探视室的登记表。每次她从监狱里探视完，她总会把这张探视表折上两折放进口袋，再回到家时她的手心已经冰凉，因为这张探视表上就写着她母亲的名字，刺眼到无法直视。

林小宁第一次去探视母亲，是在一个圣诞节。她低头看着手表，探视的时间快到了，但她的脚步却怎么也迈不开。鞋底仿佛被水泥牢牢地粘在地上，两只脚无比的沉重，像灌了铅一样。她不想进去，甚至不愿意面对那扇厚厚的铁门。但是，她知道自己是躲不过去的。

在她等待着母亲到来之时，探视的门上方的小屏幕上会不停地闪过被探视人的名字。

"林雪梅 服刑中"。那几个字仿佛一块大石头压在小宁的胸口，带给她窒息般的疼痛。10年前，林雪梅这个名字是林小宁的荣耀和骄傲。身边无数的同学家长看到她都说，你妈妈好厉害啊，你妈妈真棒啊。邻居家的阿姨总是对她母亲一脸羡慕，说林雪梅是单位里的能人，说她是女强人，说她"女子也能顶半边天"，说她能力强、家教好，甚至连林小宁的学习成绩也成了母亲的光环。

可是就在一夜之间，这个名字却成了别人嘲笑林小宁的利刃。"你妈就是那个贪了几千万的公务员吧，你妈是个贪官，你妈贪得无厌……"这些话就像一根根细针每天扎到她的耳边，她试图躲开，却怎么也逃不掉。

慢慢地她开始痛恨妈妈，痛恨自己的妈妈为什么要这样。

她甚至告诉自己，那个妈妈已经不再是曾经自己爱的妈妈，那个妈妈是电视上的妈妈，是报纸上的妈妈。不，是电视上的贪官，报纸上的坏人，她是一个犯了罪的罪人。每次这么想，她的脑海里总能浮现起小时候的画面，那个牵着她在公园散步的妈妈、那个耐心给她讲题的妈妈、那个在她发烧时一夜没有合眼的妈妈、那个每天晚上加班还在提醒她第二天要带书的妈妈……

她恨她，她恨她让自己和她从高高的云端摔下来了，把她的人生拖进深渊；但她又想她，想她那个温暖的怀抱，想她唠叨的声音。

她不知道自己要不要去看母亲。也正是那时她找到了我。她问我："我应该去看她吗？"

我说："无论别人怎么说，她终究是你妈，人生体验而已，你的人生必定会有不一样的体验，比如现在就是。"

林小宁喃喃自语，像是给自己找了一个理由，才终于站在了看守所的门口。她深吸了一口气，推开了那扇冰冷的门。

2

林小宁总觉得那些幸福的日子像是一场梦。梦里的世界很完整，完整到现在她独自一人喝上两杯酒，也能把每个细节回想起来。

母亲是家里的支柱，她知道，只要有母亲在，家是不会塌下来的。

林小宁小的时候总喜欢坐在母亲的办公桌旁，看母亲一边处理一些文件,一边抽空叮嘱她写作业。她总能听到母亲在对同事和下属沟通的声音里透着严肃和温柔,她也记得母亲对自己的教诲:小宁,做人要正直,凡事要靠自己,别想着走捷径。

这话是母亲经常跟她说的,但现在想起来,她会觉得可笑。是啊,让我不走捷径,她自己却走了。

每次学校开家长会,母亲会穿着笔挺的职业套装坐在教室里。老师知道林小宁的妈妈在当地是一个不小的人物,所以在任何场面都会给她面子,会夸林小宁,会给她规划出国留学的路径。有一次家长会回家之后,母亲递给林小宁一个橘子,笑着说咱们家不能丢人。林小宁至今都记得那橘子在嘴巴里的酸味。

而父亲,是那个给林小宁如天堂一般幸福生活的人。父亲经营着一家小商店,虽然不大,但收入很稳定,偶尔还会买一些小礼物给她。父亲常说妈妈是家里的主心骨,爸爸是家里的开心果。直到母亲被抓走,父亲一病不起,林小宁再也没有收到过父亲送给她的礼物。

林小宁常常觉得母亲是理性而坚定的,父亲是那个让家变得更温暖的人。她则是父母的掌上明珠。那个家明明在几年前还闪闪发光,但这一切在她大三那一年坍塌了。

她记得那天傍晚,她从图书馆回到家,手里还拿着一摞留学资料。家里的灯都亮着,父亲在厨房里做晚饭,母亲正端着一杯茶,这日子就像往常一样,没什么区别。林小宁只是察觉母亲看上去非常焦虑,但这种焦虑感好像已经持续了很多年。

林小宁刚换下外套,跟母亲寒暄两句,就听到门口的门铃响起,一下接一下,又急又响,刺得人心慌。

谁这么晚会来呀?林小宁心里突然多了一丝困惑,这困惑就像是无法用言语表达的恐惧感一样。她还没意识到发生什么事,母亲已经站起来开门,像是已知道什么一样。

门口站着几个穿着制服的人,目光严肃地扫过母亲,像是在确认什么。他们开口询问:"请问你是林雪梅女士吗?"母亲点了点头,说:"是我"。那一刻母亲的背比平时直了一些,像是在等待着一场暴风雨的到来。

"我们是纪律检查部门的,请你配合检查。"其中一个人拿出一张红色的封皮文件,语气严肃。母亲像知道什么一样,她点了点头,比出一个小声的手势,然后把门虚掩着,对外面说了一句话,再转头对门内的丈夫和女儿说:"不用担心,没事的,你们好好睡觉,妈妈去配合一个检查,放心。"母亲说得很平静,但转身的瞬间,林小宁却看到母亲那挺直的脊背微微弯了下去。

林小宁未曾想过，母亲这次离开就再也没回来。事实并不是母亲口中说的"没事的"，那是林小宁最后一次看到母亲如此自信而镇定的模样。等待消息的那几天就像是时间被定格了一样，林小宁感觉如此漫长，相信在里面的母亲也是一样。从那之后，她的母亲成了新闻里那个被双规的受贿的贪官。又过了几天，当地的媒体疯狂地报道这位女贪官是如何收受贿赂的，那些评价让林小宁完全无法接受，她怎么都不能想象做出这些事的是她的妈妈。

接下来的日子像是一场噩梦，铺天盖地的报道、邻居的争议和同学的目光，像潮水一样涌进她的生活。父亲的生意也在这场风暴中停滞了，他的头发在一个月之内白了大半。那时林小宁才知道，原来一个人的头发真的可以一夜变白。

林小宁成了同学口中贪官的女儿，她曾试图问父亲："妈妈真是那样的人吗？她会去贪那些钱吗？为什么我不知道呢？"但父亲总是避开她的目光，说："你妈有她的理由，但她做的事情是错的。记住，孩子，这是错的。"

她想质问母亲，为什么明明一直教她做人要正直、不要走捷径，自己却偏偏走上了那条危险的捷径。但母亲在法庭上失落的眼神和疲惫的神情，让她一句话也问不出口。最终，她的母亲被判 10 年有期徒刑。

从那天起，林小宁意识到自己必须要长大了，因为她面对的不再是一个温暖的避风港，而是想逃离又逃离不了的牢笼。她撕掉了所有出国留学相关的资料，取而代之的是开始找工作。

3

林小宁告诉我，她的出国梦是在母亲庭审的第一天破碎的。她在法庭上看着母亲穿着囚服，双手紧紧地攥着身前的栏杆。她看到母亲的脊柱像是被什么给弄断了一样，背影单薄得让人心疼。

那一刻，她意识到自己的家已经破裂到无法修补。

她没有选择逃避，而是选择面对。父亲的身体一天不如一天，为了父亲，也为了自己，从那以后，她的生活彻底变了样。大学的课业很重，但她同时打了三份工，白天是咖啡店的服务员，晚上在一个补习班做助教，周末还在快递公司兼职整理货物,每天时间被压缩成一块一块的碎片。她像陀螺一样不停地旋转,连喘口气的机会也没有。也就是那个时候林小宁看到了曲婉婷的新闻,原来这个世界上并不只有她一个人是这样子的——曲婉婷的父母也是因为贪污受贿被抓了进去,但她在微博上不停地说,她的父母是好人,但这个"好"和公众意义上的"好"是一个好吗?

林小宁很想认识这个人,但每次看到曲婉婷的相关新闻,她又会更加讨厌自己的妈妈。她经常在食堂里听到有认识她的人用故意压低却又足够让她能听清楚的声音说:"你看她以前多风光,她妈是贪官,你看她活该活得这么惨。"她咬紧牙关,把泪水活生生地憋回去。

有一次她在咖啡店里收拾桌子时,看见了同班同学江牧,他拿着一杯热饮坐在靠窗的位置,低头翻书。林小宁显得很尴尬,正准备绕开,却被江牧拉住了。江牧是她很多年的朋友,得知林小宁家里的事之后,给她发信息却一直没得到回应。此时江牧抬起头冲她微微一笑说:"哎,刚好我有话跟你说。"

那天下着大雨,气氛莫名有点像偶像剧,江牧对林小宁说:"小宁,我知道你现在觉得说什么都没用。但我想跟你说,你妈妈的事儿不是你的错,你没有义务替她赎罪。"

的确，那段日子，林小宁感觉自己仿佛被困在一个无声的玻璃罐里。身边是同学的窃窃私语，是邻居的指指点点，而她却无法逃离。她想要质问母亲，却又怕看到她那双失去光彩的眼睛。她想恨她，却发现心底还残存着那份对母亲的依恋。

那天，江牧的那句"你没有义务替她赎罪"，像阳光一样穿透了封闭她的罐壁，她下班骑车离开时，胸口压着的巨石仿佛松开了一些。那是她第一次意识到，她不必成为母亲命运的延续。那些让她窒息的事情，是她的妈妈做下的，并不是她。

当内心的大石头逐渐开始松动，几个月之后，她意识到自己应该做点什么。她鼓足了勇气，填好了探视申请表。当她决定要去探视母亲的时候，她的父亲坐在沙发上，头发已白了一大半，声音里满是担忧，他说："其实你不去也没关系，她的事对于你来说已经过去了。"

"可是爸爸，我想去，我不是为了她，是为了我自己，我想重新面对我自己，我也想重新去过一个属于自己的人生。"林小宁是这么告诉父亲的。

探视那天刚好是圣诞节，阳光明媚，监狱的高墙却让人透不过气。林小宁已经很久没有见过母亲，她在想母亲现在会是什么样的呢？

终于,她进入了探视室,等了一会儿才见到母亲。当母亲出现的那一刻,她几乎认不出这个头发花白、脸色沧桑、失去昔日锐利的双眼中透出深深疲惫的女人。母亲看着她,眼中先是惊讶,随后涌起了一股难以言说的情感。

"小宁,你来看我了。"这平淡的话语,被母亲沙哑的低声缓缓道出,林小宁早已泪流满面。

林小宁手指轻轻地摩挲着桌面,声音颤抖地说:"妈,你过得还好吗?"母亲愣了,随后也哭了:"妈对不起你,对不起你。"

"妈,我恨你做的事儿,但我爱你。"说完这话,林小宁胸口压着的那块石头就彻底被搬开了,那一刻,她明白了一个道理:母亲的错误是母亲的,而自己的生命可以重新书写。

这份释然,就像是冬雪初融后的第一束春光。

她跟妈妈又聊了一段时间,临走前,她跟妈妈说:"妈,你的错误是事实,但我爱你也是事实,这都是事实,既然都是事实,我会接受的。"

那天她走出看守所,天气突然就变阴了,但她意识到自己的人生不再需要躲在母亲的阴影里,而是需要找到属于自己的方向。

4

后来,探视母亲已经成为林小宁生活的一部分,每个月去一次,她从最初的抗拒到逐渐习惯,再到如今的心平气和,步伐不会再像第一次那样沉重。她内心的那块石头也已经荡然无存。

每次她隔着玻璃见到母亲,两人会聊一些家里的事、过去的事,但从不过多提及案件和那些让人心痛的过往。母亲也向她忏悔过,或许是因为家庭经济的压力、事业的竞争。但对林小宁来说,这已经不重要了。

林小宁说,有一次她母亲愧疚地看着她说:"你瘦了。"小宁愣了很久,始终没有说话。母亲继续说:"你为什么总是这么苦着自己,妈已经拖累你够多了,你别来看我了,去过自己的生活吧。"

林小宁低头沉默了很久,抬起头说:"妈,其实我没苦着自己,我现在越来越独立了,只是我在找一条属于自己的路,这条路终于跟你没有关系了。"说完这话她感觉自己释然了,这释然的感觉,就像是自己长出了翅膀,她开始意识到母亲的错误不会随着她的宽恕而改变,但她却可以选择该如何看待这一切，选择如何看待挫折和体验，这才是她人生中必须面对的重要课题。

后来，林小宁说她在每次探视的路上总会想起小时候母亲曾教给她的那些道理，这些话依旧有价值，虽然母亲没有做到，但她意识到这些话是母亲对自己的鞭策，也是给她最好的礼物。

这就是人生，有时候你无法选择你经历的一切，你无法选择生命的结局，你唯一能做的是选择如何面对它。

小宁父亲的身体越来越差，但他始终坚持每天去公园散步，生意早就停了，生活也简朴了很多，但他总在晚饭后泡上一壶茶，坐在窗前看着月亮发呆。林小宁很少问他的感受，直到有一天，她终于忍不住在递药的时候低声问父亲："爸，你是怎么做到被这么多事儿压着，还能每天喝茶散步的？"

父亲说："人总得和过去的自己和解，不然活一天苦一天，你妈走的是错路，但我不觉得我们家垮了，我们还有选择，我们唯一能选择的就是让自己健康、乐观。"也就是那一天，小宁意识到即便母亲犯了错，她还有一个需要她坚强起来的父亲，她必须重新扛起这个家。

阳台上有风轻轻吹拂，她抬头望向天空。那里挂着一轮圆月，月光柔和而坚定。她知道自己已经长大了。母亲教会她的是正直，而母亲的错误教会她的是面对。

她低声说："妈，谢谢你给了我生命，现在轮到我来养育自己了。"

在那之后，林小宁去探视母亲的次数逐渐减少，但每一次都变得轻松了很多，她开始把更多的时间投入到学习和对未来的规划里。她晚上学习到深夜，甚至决定考研，也就是那个时候，她认识了我的好搭档——一位考研名师。这位考研名师听了她的故事之后，非要把我扯进来，说："尚龙，这个人的故事你一定要听听。"

感谢她决定考研，我才有机会把这个故事写下来。

我记得在我跟她第三次采访结束的时候，对她说了一句话："其实吧，你可以选择重新养自己一次。不是从头开始，而是重新再爱自己，给自己一次机会。"

其实，很多人给自己的机会太少了，但在漫长的一生中，我们需要给自己机会。我也曾经给过自己机会，当我开始给自己重新活一次、重新养自己一次的机会时，我就意识到我的生活重新开始了。

我不知道林小宁听进去没有，只记得她说有一天从补习班下班，路过街角的一家书店时，突然停住了。她说当时她看到了我写的一本书，那本书叫《你要么出众，要么出局》，她随便翻了一页，忘了讲的具体是什么，大概的意思是今天起一切重新开始。

我笑了笑说，应该不像是我写的，这太鸡汤了，我肯定写得比这更像鸡汤。

我写的那句话应该是"今天永远是你人生中最年轻的一天"，她笑了笑说，好像是这样子的。她意识到痛苦是养分，而她的人生依旧可以茁壮成长。后来，父亲的身体逐渐好转，虽然不再经营生意，但除了散步喝茶，他开始养花种草，果然持续锻炼和放松心情能让身体变好。

父亲开玩笑地对她说："小宁你看，这盆花跟咱们家一样，再难的日子只要有阳光和水，总能茁壮成长的。"

林小宁听着，嘴角带着笑，心情前所未有地轻松。

她知道母亲会出来的，而当母亲出来的时候，她已经可以独自扛起这个家了。她想带着母亲重新开始，每个人都有重新开始的机会，这是母亲教会她的东西。

好的坏的都已融入她的生命，这是生活的体验，而人生，无非体验而已，人不需要总是活在过去的阴影里，因为自己也可以选择活成一道阳光。

人生是一场无数次的重塑,就像一棵老树,总有新芽能从枯枝中探出头来。过去不能被抹去,但它可以成为滋养未来的沃土。而"重新养自己一次"就是在这片土地上,种下属于自己的种子,让它长出属于自己的花。

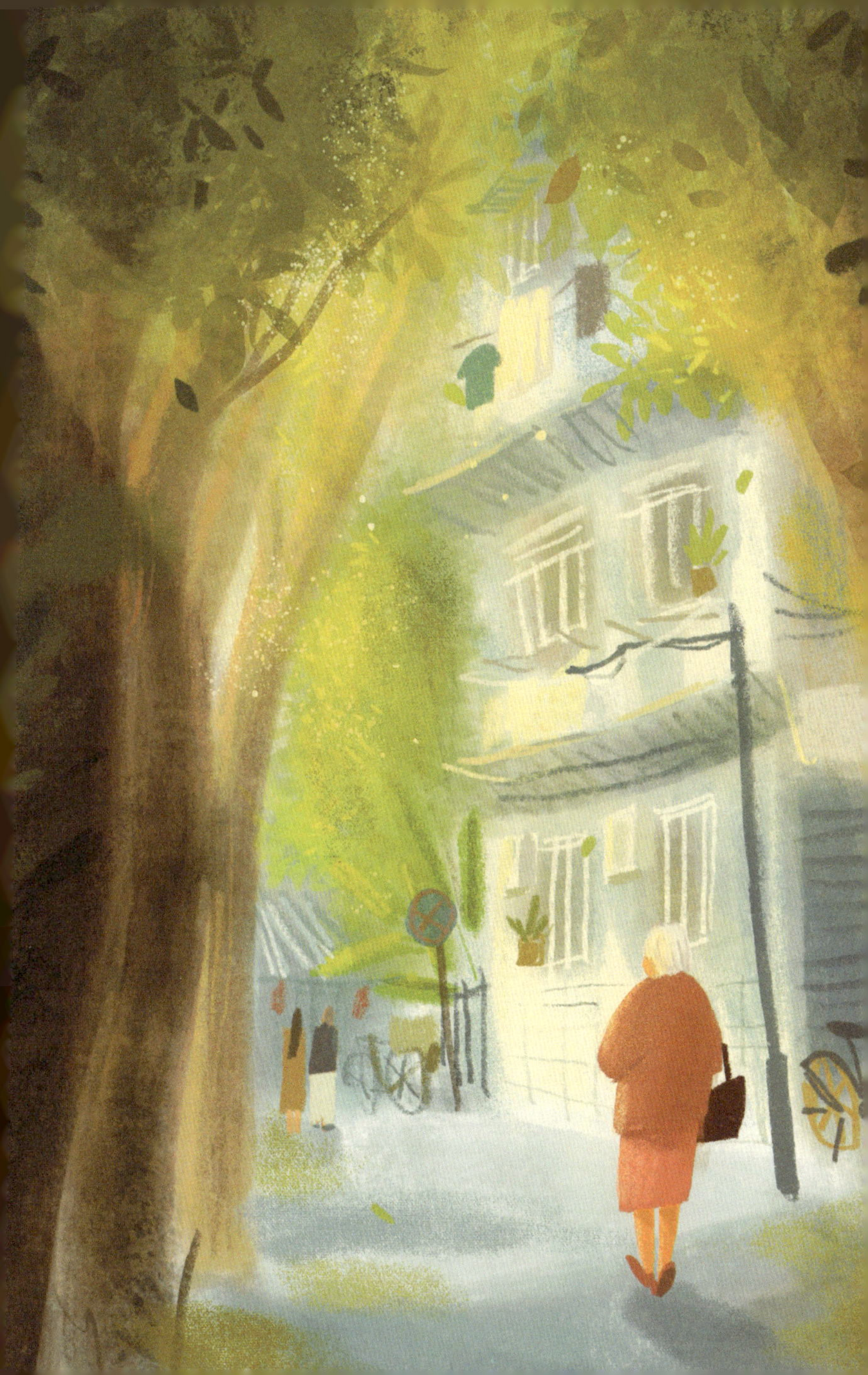

一切有为法，如梦幻泡影

"你们知道龙哥是个隐藏的股王吗？"我的两个炒币的朋友在同学聚会上说。

"他不是不炒股吗？"

"他自己不炒，但给我们推荐的股票涨了二十倍。"

我推荐的是哪只股票呢？新东方。那是 2021 年 12 月的某天，我得知老东家新东方开始做直播。我和几个同学聚在一起时说："买点新东方的股票吧。"

当时正值教育部推行"双减"政策，教培行业宣布画上句号，也就是那时，新东方的股价犹如断线风筝，一度跌至冰点，每股仅剩可怜巴巴的两块钱。俞敏洪也是在那时捐了课桌椅，做好转型的准备。

我当时根本没想到股票会涨，毕竟，我不炒股，我只是知道，新东方刻在骨子里的企业文化"从绝望中寻找希望"，注定了它会想办法，再怎么差也不会差过今天。果然，他们从教培行业进军直播带货领域，转型成功了。

那两个哥们儿听了我的推荐，以两块多的价格买了新东方的股票，涨到几十块时卖了。

当然，这个故事并不是在告诉大家应该炒股，下次我要推荐，预计大概率会坑了别人。我写这篇文章是想把我和身边转型的朋友的故事汇个总，并告诉你：有些东西，没了就没了，不要留恋。当某些事物注定成为过去时，应当释怀，迅速适应变革，积累力量，勇敢跨入新的行业领域，不断学习进步，以厚积薄发的姿态迎接人生的下一段征程。

❶

故事要从 2020 年开始讲起，那时我从考虫离职，和 CEO 恳谈后，我决定告别我做了八年的教培行业。一开始我并没想到要创业，只想找个地方待会儿，也想想下一步需要做什么。

结果，刚走没多久，国家颁布了"双减政策"。后来同事们跟我开玩笑："你一走就'双减'了，是不是你偷摸举报的？"命运的巧合让人哑然。

那时我认识了一个哥们儿，他的公司倒闭，他被迫转型。在他关掉之前K12的教育公司后，他拿了一家教育基金的钱开始做短视频，在短视频直播平台上卖课。

这哥们儿久经沙场，满腔热忱，思维活跃，行动果敢，最重要的是勤奋过人。创业期间，他几乎住在公司，白天直播录课，晚上社交拓展人脉。他在北京有一家公司，几十个人，拼命赚钱。我好几次见到他，他都是喝到酩酊大醉，不省人事。

我对他说："这行业都成这样了，你一直坚守真不容易。"我问他："你觉得自己还能坚持多久？"

他说："我现在公司现金流还足着，没问题。"但他忘记了一件事：时代不一样了。那种融资上市的教培公司因为时代巨变已经不存在了，同理，那种录播、直播卖课的时代也在悄然淡出历史的舞台，无论一个人多么努力，都无法改变时代的走向。

那段时间他到处找投资人，甚至找到了深圳市政府，就是想让自己的企业活下来，站好教培行业的最后一班岗。每见一拨投资人,他都能看到希望;喝几杯酒,那边沉默几天,又是绝望。

融资这条路被堵上后,他决定自己做业务,自己卖课,自己赚钱让公司有现金流。

就在他每天都在直播拉时长的时候,甚至是在看到现金流开始变得越来越充足的时候,投资他的那家公司倒闭了。那家公司主要投资的就是教培行业,国家出台政策后,许多LP(有限合伙人)要求撤资,要求GP(普通合伙人)清算旗下的公司。

他和投资人说:"我又不是做K12的,我做知识付费,都是卖给成年人的,这样也要清算我的公司吗?"

他的投资人摇摇头,说没办法,他们也无能为力,没有人觉得这个行业还能赚到钱。于是,他把账上的钱退给了那家公司。

他说:"我这么努力,规避了所有风险,谁知道投资的公司倒了,防不胜防啊。"

后来他关掉了公司,一个人去云南疗伤,我们见了一次,我问他:"这次创业三年多,你学到了什么?"他说了句令我这辈子难忘的话:"真的,行业没了就没了,不要再坚持了。"

现在,他已经改行做其他事情了,换了其他赛道,也做得不错。

这是我第一次怀疑坚持的意义。我以前觉得做事就应该坚持,这件事之后,我开始明白,在大环境和整个大船的方向都掉转的时候,适时地放弃和下船,其实是聪明之举。行业没了就没了,别再纠结了,无谓的坚持只会让自己困守原地。

我曾经是一个特别相信坚持的人,二十多岁的时候,全靠坚持,我在很多领域都取得了成绩。我曾经以为坚持是万能的,直到经历了这件事,我开始明白,其实并不是。如果一开始方向错了,那坚持到头来不过是感动了自己。

❷

说别人的例子,好像谁都可以说得头头是道,放在自己身上,才知道都是"只缘身在此山中"。那年我回到北京后,创业做了一家知识付费公司,简单说就是卖课。

其实当时我也没想好到底要做什么,但得知我开始创业,很多行业的前辈们都开始找我，给我投钱，光第一笔种子投资就拿了几百万。这笔钱没有对赌，没有分红时间要求，我的投资人甚至跟我说："你做什么我们都支持。"

接着，我又拿了第二轮的钱——一千多万。这轮依旧没有任何要求，那位大哥只是跟我在成都喝了三次酒就决定投了。他们说："尚龙做什么我们都支持。"但他们不知道的是，这公司开了一年多，我内心的绝望日益滋长。

先是因为疫情，然后是我逐渐发现，教培行业没了之后，所有跟流量有关的平台都在限制卖课的公司，即使你并不属于K12的领域，平台也觉得多一事不如少一事，能不给你流量就不给你流量。

那段日子我每天都感到焦虑，也就是那时，我认识了好多和我那位哥们儿一样的创始人，我们每天喝酒，第二天还要跑步。很多人不知道为什么我这么爱跑步，今天可以说了：我需要把昨天的酒跑出去，晚上继续喝，要不然更焦虑。我晚上不敢不喝酒，因为一不喝酒我就要看公司的财报——没有一个月是不亏的。

就这样亏了快一年，我想了无数的办法，那段日子我的几个哥们儿每次看到我都说："尚龙，你老了。"

到今天我还记得那个瞬间,那是在疫情最严重的日子里,朝阳区要求居家办公,偌大的公司,就我一个人和一只猫。我在公司思考着应该做什么,同时准备新的课,写着写着,天黑了。我准备打个车回家,谁知道滴滴平台上写着:因为防控原因,朝阳区禁止打车。

于是,我打了辆货拉拉。货拉拉司机来到公司门口时问:"你拉什么货?"我说:"我拉我。"司机笑了笑,送我回家了。又过了几天,货拉拉也打不了了,于是我叫了闪送。司机来问我取件码,我报了后他问我送什么,我说:"我送我。"于是,我趴在小哥背上,那电驴行驶在几乎空无一人的北京城,风吹在我脸上,不知怎么的,我想起了我哥们儿的故事。那一瞬间,我像是被什么击中一样,他说的那句话一直在我的脑子里回荡:"真的,行业没了就没了,不要再坚持了。"

我知道,我走错了。

那天特别尴尬,我在小哥背后叫了出来:"走错了,走错了。"小哥说:"没走错。"我说:"走错了。"小哥说:"按导航来的。"我才如梦方醒,说:"你放我下来,我走回去吧。"小哥说:"不行,你还没给我收件码。"我给了他收件码,走回了家。就在那天回家的路上,我明白了,我要尽早撤,沉没成本不是成本。既然选错了，就要抓紧时间赶快撤。这是个艰难的决定，但我必须做，就像都结了婚才发现对方不对劲要离婚那样，虽然艰难，但这个决定一定要做。

就在那天回家的路上，我跟投资人打电话，寒暄了几句后，我说了实话："兄弟，我扛不住了，我不准备玩儿了。你们要支持我。"他们先是震惊，后是理解。他们说："要不等疫情结束我们再说吧。"

他们谁也没想到，第二天，我就开始裁员、退租、搬家。我先是赔了每个员工 N+1，高管还给了额外的补偿。我在办公室跟每个员工说再见，把他们一个个送走，当时我已泪眼婆娑。

后来，几个被我裁掉的员工说自己还有房贷，孩子还要上学，于是我动用我的资源给他们介绍工作。所有人安置完毕后，已经过了好几天。

那一天，我是最后一个走的，人力在裁完了所有人后跟我说："龙哥，和您三年并肩作战，我很感恩。"然后，他给我写了一封感人肺腑的信，把信交给我时他说："谢谢你，龙哥，江湖见。"又说，"我就不要 N+1 了，我自己走了，您需要我的时候随时说一声，我都在。"

说完他递交辞职信,然后自己盖了公章。那一刻,我的眼泪一下子流出来了。

就这样,一个三十多人的团队,一天之内,全部解散。

一个估值一个亿的公司,就因为我想明白后,停止了运营。

第二天,我飞到成都,投资人来接我,他原以为我带来了好消息,殊不知我此行的目的,是要退还账面上剩余的资金。

还记得在成都吃完一碗面,被辣得眼泪直在眼里打转时,我接到投资人的电话,他说下午叫了两个LP开个会,让我大概做个PPT说一下。那天在一个会议室里,我跟投资人做汇报,说行业,说公司,说疫情,说环境。两个LP在一旁,听我说来说去,半天没有反应,直到我说完很久,其中一人才说:"我们其实并不在乎,我们只是没想到投出去的天使轮的钱还能回来。尚龙你未来肯定能成功。"

那天在成都,他们请我喝酒,其中一位大哥说:"创业几年,你觉得你在决策上错在哪儿了?"

我说:"我就不应该做这一行,我第一步就错了。这行业本来就没了,我坚持个什么?"

大哥也疯狂点头,后来才知道他是做房地产行业的,也在苦苦坚持。

他问我以后想做什么，我说我还不知道，但我现在无论做什么，都是重新学习的机会，也是重新开始的机会。

再后来发生了两件事：

第一件，我回到北京开始学习编程，了解AI，最后申请了多伦多大学的人工智能专业，被录取了。

第二件，在成都和我一起吃饭的那位大哥因为我说的话，离开了房地产行业，去中欧商学院读书了。

后来我不停地问自己这个问题：我的坚持错了吗？

坚持本身没错，但环境变了，你的坚持就是错了。

早换赛道，早痛苦；早重新开始，早舒服。

走出迷局，须有断腕之勇；重启征程，当具破茧之心。无论是我选择离开教培行业，还是那位大哥脱离房地产领域，都是在认清现实后，做出的对自身发展有益的重大决定。唯有敢于放下，才能轻装上阵，迎接新的挑战。

再后来，我创办的那家公司并入"橙啦"。对我来说，最残忍痛苦的事情是搬家，我在那里工作了三年，有一万多本藏书。我叫来快递员，打开直播，一本本卖掉。好在这些书都给了我的粉丝和读者，没有丢掉。

这种体验在我写作的今天仍然令我觉得难过，但我知道，还是那句话：人生，体验而已。

3

我继续讲，如果可能，你们可以倒上一杯酒再听。

那天，我和助理小云折腾了一天，把所有的书都发货了。我俩分别时，他说："龙哥你好好的。"

我拍了拍他，说："你也是。"然后转头走到一家餐厅，自己点了一碗盖浇饭。那天真的是巧，我刚坐下来，就看见旁边桌一个女生在哭，她和另一个女生的面前摆了十多个空的啤酒瓶。

我一看，好酒量，于是坐近偷听她们的谈话，女生哽咽地说："七年了，七年你懂吗？说分就分吗？"

一开始我以为她被甩了，听了半天，大概听懂了：女生和她的男朋友已经在一起七年了，不是男的甩了她，而是她不爱了，不知道该怎么开口。

那天我也不知咋了,就插了一句:"其实感情没了也就没了。很多东西没了就没了。不对的东西没必要去坚守,坚守只会让你更难受。早放弃早完事。"

那俩女的看了我一眼,眼睛瞪得大大的,像是悟出了什么一样,又像是遇到了哲人和贵人,然后如梦方醒,看了一眼老板说:"老板,买单。"临走前她们特别鄙视地看了我一眼,说:"关你什么事?"仿佛我是个坏人。

我在那里吃完了一份盖饭,又加了一份菜,点了一瓶酒。吃完饭我去厕所照了照镜子,发现自己蓬头垢面,好几天没洗头,头发一绺一绺的,有的还竖着。果然像个坏人。

但就是这个"坏人"刚刚悟出一个道理:一件东西、一段感情、一个物件,无论过去你多么珍视,没了就是没了,明智之人不会对此过于纠结或执着。

《金刚经》里说:"一切有为法,如梦幻泡影,如露亦如电,应作如是观。"是啊,所有依靠因缘聚合而产生的事物,就像梦、泡沫、影子或晨露、电光一样短暂易逝,应当如此看待,才能不执着于它们。

那你说我是否为此懊悔不已?当然不。

这段经历让我一个只会咬文嚼字的作家学习到了不一样的

知识，了解了商业的本质，认识了这么多优秀的创业者和投资人，还读了个商学院，拿了个MBA的文凭，这些都是我人生旅途中熠熠生辉的宝藏记忆，刻骨铭心，永生难忘。

如今，我深知自己内心深处的热爱与专长仍在文学创作，但这段经历我至少明白了自己擅长做什么，不擅长做什么，正是这段经历为我照亮了前行的方向，未来不擅长的，我不做就好了。

人生，体验而已。这也是这个故事想告诉你的，人和世界的变动往往超乎我们所能理解的范畴，我们唯一要做的，是跟上并主动拥抱变化。《反脆弱》里说："人类总是无法脱离他们通常熟悉的环境来理解事物；这种无法跨领域理解的情况是人类固有的缺陷，只有当我们努力克服和突破这一障碍时，我们才能开始获得智慧和理性。"

年轻时总觉得自己要坚持，要努力，但到了三十岁之后，我深深地觉得，聪明的人不是"既要也要"，而是知道什么可以不要，什么可以不做。不纠结，不执念，勇往直前，同时保持思考，做好随时从头来的准备。

这是我这些年的思考，你的酒是不是刚好喝完？那好，我可以结束这个故事，开始下一个了。

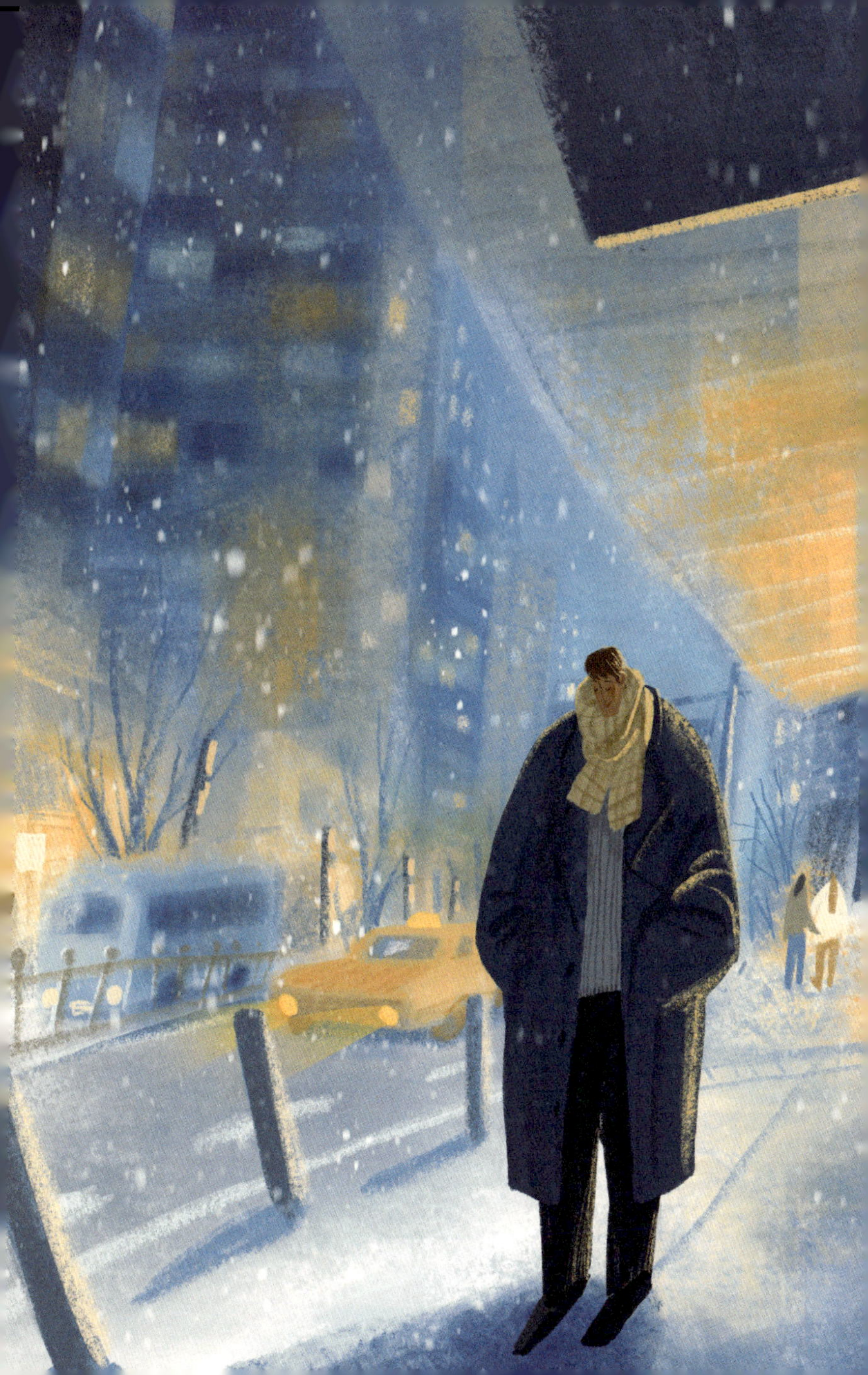

小覃，有句话没来得及说

❶

雾霭弥漫的山城重庆与繁华现代的首都北京之间，坐飞机需要两个多小时，坐高铁需要七个多小时，坐绿皮火车需要二十五个多小时。

老方从重庆到北京开会是坐绿皮火车来的，硬座，他不是体验生活。是的，他被限高（限制高消费）了。

上次见到他，是在他即将离开北京回家创业的时候。那时的他挥斥方遒、指点江山，一场饭局要重复至少十次"来重庆找我，我给安排"。这次重逢，我们谁也没提去重庆，因为去重庆也不会找他——谁会找一个欠钱的人安排点什么呢？

今年，我们在一桌吃饭的时候，他说的最多的是自己今年的理想只有一个：办护照。我们问为什么，他说："办护照就可以买机票了，用护照买。"我拿出我的护照照片给他看，说："羡慕吧。"他打了我一下，我喝了一满杯。

我问他欠了多少钱，他说："两千多万吧。"然后就是一阵沉默。这沉默是对两千万的尊重，谁也没赚过这么多，更别说欠过这么多。他一看在场的人都沉默了，说："气氛不对啊，来，我打一圈。"说着一杯一杯敬酒。我也当作没听见，说："你正着打，我反着打，咱俩打到中间会合。"

老方原来是出版圈的，后来跨界到影视圈，在影视行业最好的几年里赚到了一点钱，他就开始嘚瑟，扩大版图了。据说还搞起了游戏业，在那里把之前赚到的钱都赔进去了。他自嘲自己是一个"负豪"，凭运气赚的钱，凭本事还回去。

经济上的大起大落对一个人的打击很大，但我见他还是一副爱喝酒的样子，看不出受到过什么打击。

上一个我认识的被限高的人是小覃，每次见他，他要么像是打了鸡血，要么像被人打了一样。他是个创业达人，总是神经兮兮的，赚了钱跟疯了一样，没赚钱就跟废了一样。这两年他很不顺，总是和时代风口对着来。

我不知道小覃怎么欠下这么多钱，也是两千多万，那年他才二十九岁。我因为跟他关系不错，所以也没说什么，只是默默地陪着他吃完了一顿饭。他没开口找我借钱，或许是因为他知道就算开口我也很难借给他这么多钱。吃完饭他就打车回去了，当时他在开网约车。我还记得临到分别时，他问我："尚龙，你见过那么多人，有欠这么多钱的吗？"

我说："没有。"我没说谎，而且我确实不知道怎么安慰他。的确，要让我背上两千万的外债，我也会害怕和担心。于是走之前我说："你慢慢来呗，总能还完的。"

说完没几天，我就听说小覃跳楼自杀的消息。他从上海一栋高楼的41层跳了下来，跳之前写了一封遗书，遗书发在朋友圈，而他的朋友圈此前已经一年没发过任何动态了。两千万的重担能压垮一个不到三十的年轻人。

就是那几天，我时常恍惚做梦，梦到我又回到了那个餐厅和小覃聊天。我也总惊醒，想起他问的那句话："尚龙，你见过那么多人，有欠这么多钱的吗？"但我始终找不到一句话去安慰他。有时候在梦里，我也是看着小覃，没有一句话——他面无表情，我哑口无言。

❷

我第一次见刘震云老师的时候是在一个饭局，酒过三巡，我们开始聊文学。我说："我很喜欢您写的《一句顶一万句》，但有个问题，这世上很多事情，不是一句话能写明白的，需要千言万语，该怎么办？"刘震云老师说："你没找到那句话，并不代表这句话不存在。这句话存在，你需要花时间找。"

在那之后，我就开始了寻找这句话的旅程，直到我遇到了老方。

老方和小覃不一样，虽然欠钱，但你从他的混不吝能看出，他并不是很在乎，他在乎的是今天晚上要喝好。那天晚上，他在饭桌上特别开心，说好久没来北京了，说叫几个妹子认识一下，说自己刚跟老婆离婚，是单身，快乐的单身生活开始了，还说酒嘛水嘛喝嘛吐嘛，钱嘛纸嘛赚嘛花嘛……

没一会儿，桌上的两瓶麦卡伦见底了。组局的大哥叫一航，图书圈的前辈，大家认识很多年。一航家里有两个孩子，他本来要早回家，一听老方说这话，不知咋了，眼眶红了，就又点了两瓶酒，加了几个菜。我还开玩笑，说："你只要不找一航借钱，他能再加两个菜。"

那天我们喝到深夜，转二场又继续陪老方喝，然后我们几个人把他送回去。

路上我问他："以后准备做什么？"他说他还准备回来做出版，万一做出一个百万畅销书，就又是一条好汉了。

接着，我问他准备怎么还这两千万。

他用地道的重庆话说："还撒子？活到起。"

我一下子愣住了，因为那一天，我找到这句话了。我努力在脑子里把它翻译成普通话，这句话振聋发聩，如一把尖刀扎进我的内心："还什么啊，好好活着！"

我把他送到地方，司机问我去哪儿，我说："我也在这儿下。"目送他上楼后，我一个人在夜空浩瀚的北京城，跪了下来。我干呕着，吐出了刚刚吃完的饭、喝下的酒，然后我抬头看着天，天上的星星连成线，月光洒在地面像下了雪，等我缓过来时，发现自己已经泪流满面，我懂了：

小罩，你错了！你大错特错了！你不应该把人生目标定成还钱，因为你可能一辈子也还不清，但你可以活一辈子，这不是也赚了吗？你应该把人生目标定成好好活着，就算有债、缺钱，你也给我好好活着，你应该想的是该如何在这样的压力下生活，而不是一直想还不上了怎么办。更何况，谁能在短时间内还两千万？老天让你这么年轻欠两千万，是想让你体验而已。当你体验完了，自然会有自己的答案和传奇。

可你撕掉了你的体验卡，走上了一条不归路。

那一夜，我沉浸在对小覃深深的哀思中，周围的高楼大厦巍峨耸立，无声地诉说着这座城市的繁华与冷酷。钢筋铁骨、灯火通明，像是无数巨人围绕着我，鳞次栉比地挺立在天际线上，映衬着皎洁的月光，仿佛在告诉你，你有多么渺小。摩天大楼玻璃幕墙反射出斑驳陆离的光影，与地面上洁白如雪的月光交织在一起，形成一幅宏大而又寂寥的城市画卷，画卷里，有行色匆匆的外卖小哥和川流不息的共享单车。

那些屹立不倒的建筑群，每一座都承载着无数人的梦想与挣扎。有的窗内透出温馨的灯光，映出幸福的家庭里忙碌的身影，但许多幸福家庭里，都有小覃这样梦碎的人。他们更多的是沉寂在黑夜里，奔走在路灯下，隐藏着生活中不可避免的困顿与孤独。

再远一些，霓虹闪烁的广告牌与天空中的星辰遥相呼应，仿佛在提醒着我，每个人都是这片星空里的一颗星，不论明亮或黯淡，都有价值和意义。小覃虽然已经离世，但他曾经闪耀过的光芒并未完全熄灭。

后来我把老方那句话送给了很多人，每次遇到欠钱的、负债的、生活困顿的，我总会回忆起老方的话："还撒子？活到起。"如果对方听不懂，我就会翻译一下。

"你不要把目标放在还钱上，因为你可能一辈子还不完。你要把目标放到人生体验上。你要相信，老天让你经历这些事，是因为知道你一定能扛住，要不然它不会把这重量交到你手上。"

这世界就是如此，你必须足够坚强，足够勇敢，甚至足够不要脸，你才能活下来。别那么脆弱，坚强起来。

3

这篇文章也要结尾了，就以我刷到的这个视频结尾吧。

那天我刷到了一个视频：一个男人在餐馆里吃面，他突然招起了手，服务员走过去，他叫了第二碗面。

他吃完买单，服务员看他满头大汗，仔细一看，他还哭了。服务员赶紧问他怎么了。

他说:"就在今天,我把欠的钱还清了。"

他还说,在此之前老婆带着孩子跑了,债主上门催债,房子抵押。三年里他过着还债的日子,不敢社交,不敢谈恋爱,困在自己的世界,逼着自己一点点还完了债。

他又说,被催债不是最痛苦的,最痛苦的其实是孤独,因为没朋友了。然后他就没再说话,走出门,在餐厅门口跳了个舞。

视频下面有个评论感动到我了:

"欠债后,第一不要寻死;第二不要躲避债主,你越躲他越找你;第三不要见人就说,见人就求,能帮你的会自动帮你,不能帮的求也没用;第四,无论境况有多糟糕,都要把自己收拾得干干净净,再落魄也不能糟践自己;第五,不能打工,一旦去打工,每天被老板使唤得喘口气的工夫都没有,思想身体都被套牢,没有静心的思考、充足的准备,想翻盘是很难的。一年能挣几百万、能亏几千万的人不会是无能之辈,静下心来,卧薪尝胆,整合资源,瞅准机会,立即出手,也许还有机会翻身。这是我的亲身体会,从之前几千万资产,到最后负债几百万,目前正在翻盘,离翻身还有一小段距离,离光明不远了。"

其实我还要加一条：相信时间，在低谷期好好学习新技能，厚积薄发，因为获得知识的成本是最低的。想明白自己到底要干什么，下一步需要做什么，默默告诉自己，这都是体验而已，一切都会过去的。

既然过去无法挽回，那就去相信未来一定可以改变。

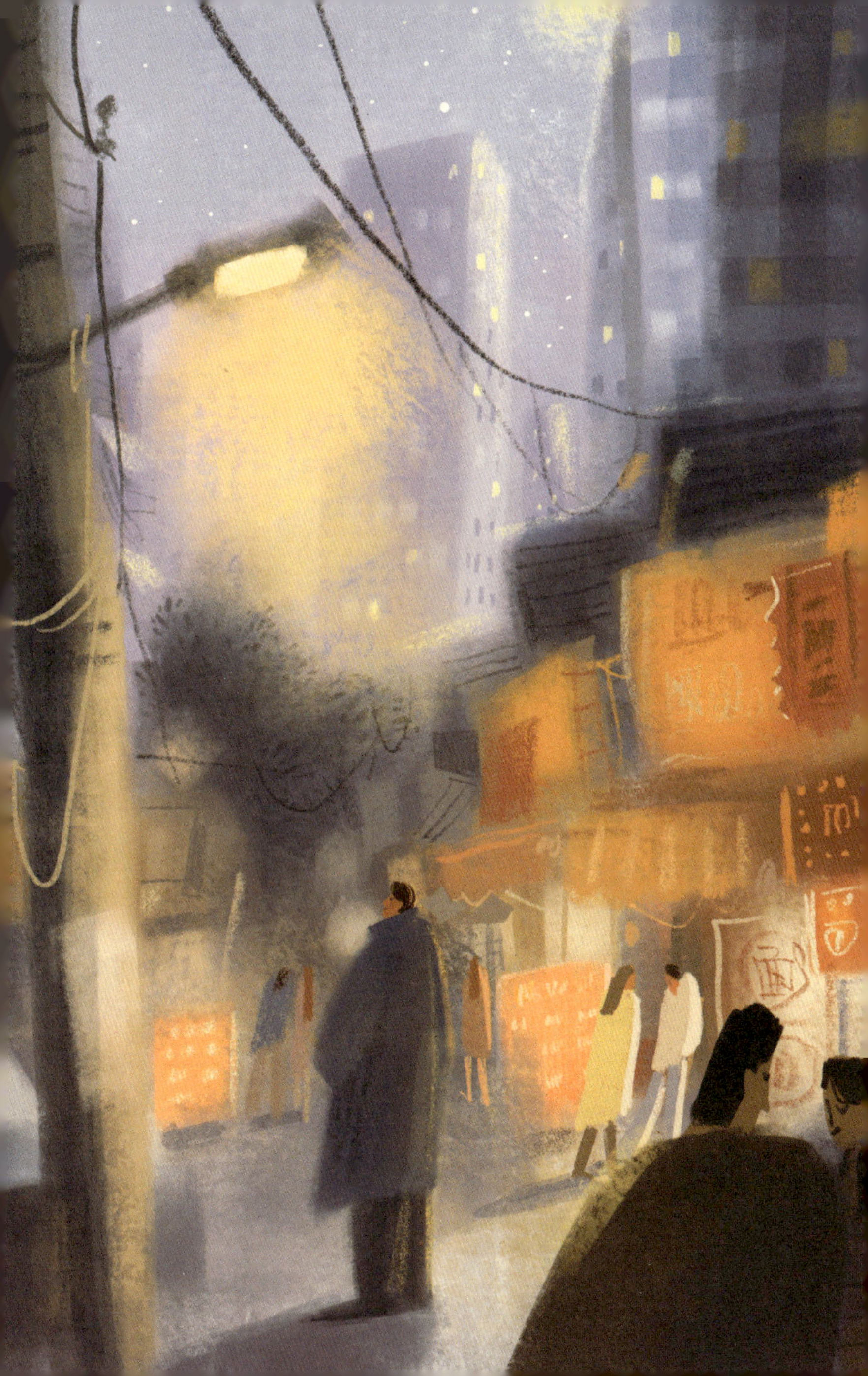

妈妈，你对自己好点

❶

安妮最近的口头禅有些奇怪，她也意识到了这点，这是她在人生的前三十八年里从来没有说过的话："不'卷'了，我想对自己好点。"

这句话我也听到很多人说，有时候自己也会情不自禁脱口而出。这句话的背后有两层深刻的意思：第一，之前对自己多么不好；第二，当年很多追求且发誓一定要得到的东西，现在想明白它们并没有那么重要了。

说这句话的往往是中年男人，在经历了一系列痛苦、担上沉重的责任后，他们会产生这种心境。我第一次说这句话也是被巨大压力侵袭时，当时我还在日记本上写下"对自己好点"。

的确，多少人一辈子为了别人，直到快被压垮时才想起来自己。

安妮的故事我之所以决定要讲，是因为这个故事很好地阐释了什么是"内卷"，和我对"内卷"的理解。

基于这本书的关键词是"体验"，我也把这位宝妈的故事，写给你们体验。

为了写这个故事，我找到安妮，采访了她一下午，拼凑全了这个故事。

安妮是化名，她不让我写她的真名，因为她不想让孩子看到，而且她说："你一写总能写成畅销书，我害怕让小杰知道我怎么想。"

她原来看我的书，现在她开始看《心经》。

认识她这么多年，她的阅读书单基本映射了她的心路历程，书单是这样的：

《你只是看起来很努力》《创业36条军规》《学会开一家公司》《创业维艰》《普通人如何成为超级个体》《慢慢来，一切都来得及》《一切都是最好的安排》《臣服实验》《养育男孩》

《如何让你的孩子更优秀》《远离抑郁症》《心经》……

您读一遍这些书的书名,就能大致看出她的思考轨迹,明白她是怎么走到了今天。

❷

安妮想要什么呢?她想要的很简单——要自己的孩子考到全班前几名。小杰连续几次考试成绩都不太理想,最近一次考试,小杰的数学考了19分,语文考了51分。要知道,他一年级的时候可是"双百"——语文、数学都是100分。

安妮想不明白自己做错了什么,也想不明白自己还有什么没做。

小杰刚上小学的时候,是一个开朗的孩子,什么都感兴趣,什么都喜欢。于是她就给他报了多个学科补习班:语文、数学、英语、科学等主科强化班。

从安妮那儿,我第一次听说,有些家长把"鸡娃"分为"荤鸡"和"素鸡":上主科培训班是"荤鸡","荤鸡"之外还有

"素鸡"路线,比如让孩子参加特长培训班,如音乐、美术、舞蹈、编程、棋类等,以提升孩子的综合素质和竞争力。

就这样,小杰周末的时间都被占用了。

小杰很懂事,有时候懂事到让人心疼。他并不喜欢这些课,但是他总听妈妈说:"没有人喜欢自己的生活,妈妈也不喜欢,但你总要考虑一下未来。"就这样,他不开心,但他也不说。

安妮给小杰制订了详细的每日学习计划表,精确到小时;她还让孩子吃各种补品,确保孩子大部分时间都在学习状态。安妮还减少了小杰的娱乐和休闲时间,严格限制电视、游戏等与学习无关的活动。

当别的孩子在无忧无虑地放飞纸鸢,尽情享受沐浴着金色阳光的童年时,小杰的快乐却被沉重的书包和无尽的补课所替代;当别的孩子在公园追逐嬉闹,充满着天真烂漫的气息时,他的笑声却淹没在了密密麻麻的字句与公式之间。

其实,我也可以理解安妮。安妮生活压力巨大,又对未来充满期待,就将全部期望寄托于小杰身上。于是,她疯狂"鸡娃",以求他能获得更好的未来。

小杰总听妈妈说两句话:第一句,妈妈什么都没有了;第二句,家里的未来靠你了。

3

我认识安妮很多年,很了解她,如果用一句话来形容她对生活的态度,那一定是:"人有时候挺可怜的,受伤的时候,只能自己舔舔自己。"

安妮是单亲妈妈,自己带孩子,她家里的条件也不错,她工作也非常努力。安妮接管父亲的生意后,每天加班,直到发现自己怀孕。这本来该是一个回归家庭、幸福生活的故事,但是她在知道自己怀孕前做了两件事:第一,她和自己一直看不起的老公离婚了;第二,她刚找到了一个男朋友。

这换作谁也不好选,毕竟已经离了婚,好不容易才开始新生活。但她摸了摸肚子,一狠心,和男朋友分了,和家里人说,一定要把孩子生下来。她生完孩子后,前夫才知道自己当爹了。在法庭上,前夫震惊且愤怒地质问她,为何在他毫不知情的情况下有了孩子。周围的目光聚焦在安妮身上,但她挺直脊梁,声音平静有力:"这是我的选择,也是我对生命的责任。我有权利并有能力抚养我的孩子,无须你的同意,也无须你的怜悯。"她直接找到了律师,得到了孩子的抚养权。

她说她就错在两人离婚前还做了一次,因为这一次,小杰出生了。

随着岁月悠悠而过，曾经那个牙牙学语的小杰已悄然蜕变，家中的玩具积木和绘本逐渐被整齐排列的课本与作业本所替代，她和前夫的关系也从水火不容，变得平静可相处。那充满童趣的幼儿房如今挂上了拼音字母表和数学公式海报。清晨的阳光穿过窗棂，洒在那张陪伴孩子步入学习之旅的书桌上，上面摆放着崭新的文具盒和尚未翻开的新课本，映照出一片求知若渴的光芒。

屋外的老樟树记录着光阴流转，它的年轮与孩子的成长同步，一圈一圈，一年一年，到小杰背着小书包蹦跳出门的时候，那老樟树已经长得好粗了。小杰晃着它的树干，每一片飘落的树叶都仿佛诉说着光阴的故事。

也就是那段日子，安妮看了大量的育儿书，听了大量的播客和讲书栏目，越听越焦虑，越焦虑越要做点什么。于是，她开始"鸡娃"了。

一开始，小杰什么都喜欢学点，效果不错，第一学期，他的成绩一直名列前茅。随着学习的科目越来越多，越来越重的期待就压在了孩子稚嫩的肩膀上。小杰有时候也会跟妈妈说自己不想学那么多，但只要听到"妈妈什么都没有了"和"家里的未来靠你了"，他就不说话了。

安妮梦想着孩子给自己争气，她甚至给孩子规划了考清华北大的方向，定期组织模拟考试，监测孩子的学习效果和进步情况。有一天她问我："尚龙，你懂职业规划，你跟我说说小杰以后能不能上清华北大？"

小杰那时才六岁。我说："我又不是算命的，我怎么知道！"她说："你猜猜。"我说："我猜你个头。"后来她真的找了个算命的，算命的说这孩子未来是栋梁之材。那之后，安妮就像疯了一样，她时常对比各类测试排名，以此为依据调整小杰的学习策略和目标。三年级的孩子，已经把五年级的课学完了。

❹

安妮之所以喜欢跟我玩，是因为我是个老师，我也有自己的教育公司。她经常让我给她介绍一些跟教育有关的朋友，目的也很简单：争取让小杰进入有着优质教育资源的学校或班级。这还不够，她还带孩子参加各类夏令营、冬令营以及国际交流项目，丰富孩子的背景经历。她说，孩子未来肯定是要有国际视野的。她不断向孩子灌输竞争意识，强调成功的重要性。直到四年级来了，孩子不爱说话了，眼睛里也没光了。小杰回家特别喜欢说一句话："妈，我能周末去爸爸那里吗？"安妮会说："你补习课上完再去。"

再后来，安妮叫小杰的时候，小杰经常反应慢半拍，他的表现很奇怪。到五年级，她发现这孩子越来越奇怪，比如夏天不爱穿短袖，不想剪头发，谁跟他说话他都面无表情，然后挤出一丝微笑。安妮试图与小杰深入交谈，询问他是否在学校遇到了困扰或是有烦恼，但每次得到的回答都是一阵沉默或者敷衍式的点头摇头。

直到有一天，她接到了老师电话，说小杰上课经常睡觉，她才意识到不对劲。她每天早起的时候，都能看到孩子已经在学习了，这么好的状态怎么会上课睡觉？她知道，如果问孩子发生了什么，他还是不会说。

于是，她在儿子的房间里放了一个监视器——一个很小的监视器，她能在 iPad 上通过监控画面看到孩子的一举一动。安妮心疼地发现，本应沉浸在梦乡中的儿子竟然整夜无法安眠。他先是辗转反侧，不知道过了多久，当深夜的寂静吞噬了一切喧嚣时，屏幕中的小杰突兀地从被褥中挺立起来，这一幕犹如恐怖片中的剪影，让她的心瞬间提到了嗓子眼。她只能透过镜头无助地目睹儿子那双空洞而深邃的眼睛在黑暗中凝视着远方，似乎要穿越时空，寻找迷失的答案。

时光在这一刻仿佛停滞，小杰就这样一动不动地坐着，像是被黑夜施了咒语，困在了无边的思绪之中。几个小时过去了，直至窗外的第一缕晨曦悄然照入，才打破这漫长的静止画面。天色渐明之际，小杰并未因此回归常态，反倒是带着一脸未褪去的疲倦和未隐藏的哀愁，例行公事般地打开了书桌上的奥数题集，动作机械而迟缓，等待着安妮起床后第一时间看到他。这仿佛是在向外界宣告他还保持着生活的秩序。我看完那段视频，感觉孩子是在掩饰内心那份沉重到几乎无法承载的苦楚。

每一次深夜坐起，每一次假装平静地翻书，都像一把尖锐的小刀，刺痛着安妮那颗对孩子关爱备至的心。

果然，她还是带孩子去了北医六院检查。医院里排满了跟小杰一样大或者比他大的孩子，母子俩在这漫长且压抑的队伍中等待着，时间仿佛被无限拉伸，每一分每一秒都压在两人身上。终于，他们见到了医生，没想到医生无论问小杰什么，他都说:"我没事。"

医生和小杰沟通完后,缓慢地撸起小杰的袖子,看到小杰的手臂上面有几道显著的伤疤。

医生问他:"这是怎么弄的?"

小杰说:"我自己弄的。"

那一刻,在一旁的安妮觉得世界坍塌了,原来每天面带微笑的小杰在偷偷自残。

安妮当时就崩溃了,她张开手,竭力想抓住些什么,却发现唯一能紧握的只有那份锥心之痛和对儿子深深的愧疚与疼惜。

医院里的静谧时刻仿佛是一首低吟浅唱的挽歌,阳光透过窗棂,在地面勾勒出时疏时密的光影诗行,那阳光照在小杰的脸上,显得他更忧郁了。空气中交织着病房特有的洁净与沉重的气息,它们在每一处角落低声诉说着生活的不易与人性的坚韧。安妮的思绪如流水漫溯,穿越时空的屏障,自然而然地回溯到了六年前那个生机盎然的季节。那时的天空澄碧如洗,大地沐浴在春风之中,万物复苏,满目的翠绿与五彩斑斓共同编织成了一幅生动活泼的田园画卷。

5

原来,她之所以这么"鸡娃",是因为她有想要证明自己的执念。

她离婚那年,懦弱的前夫在法庭上说了一句狠话:"你带不好孩子的,你连自己都带不好。"

不,她不信,她是照顾不好自己,但这不代表自己带不好小杰,更不代表自己不能把小杰培养得茁壮。

看着孩子一点点长大,越长大,她越想证明什么。

离婚后,曾经的婆婆和公公经常想看看孙子,但每次看到孙子身上有点什么不舒服,或者突然哭了,就会怀疑她做得不好。她想证明给自己看,更想证明给别人看,她不仅能带好孩子,还能把孩子带成栋梁。

但这是她自己的执念,她却从来没听过孩子怎么说。

从医院回到家后,安妮过了很久才问小杰:"妈妈有什么能帮你的吗?"

他终于跟妈妈说了实话:"妈妈,我不爱上补习班,但我不想让你失望,我想让你对自己也好点。"

夜幕低垂,月光柔和地洒在窗帘之上,映照出一片静谧的银白。她伸出微微颤抖的手,轻轻抚摸着小杰的头发。

"对不起,妈妈错了。"说到这里,她已经泣不成声。

而我听到她讲这一段时,拿着录音笔,心里也久久不能平静。

"你说我想让他成绩好,我错了吗?我希望孩子好,希望他品学兼优,我错了吗?但当我知道他这么痛苦,我就知道我错了,因为他是个独立的生命,他有自己的选择,我却从来没问过他的选择。"

那之后,她不再逼孩子去上补习班。她说,只要孩子开心就好。

她陪着小杰一起阅读他喜欢的漫画,一起去公园散步,一起烹饪晚餐,享受那些简单而又珍贵的家庭时光。她开始鼓励小杰去追寻他的兴趣,无论是画画还是足球,只要是他热爱的事情,她都全力支持。她不再"荤鸡"和"素鸡",她只负责"荤素搭配",别的就让孩子自己积极起来。

小杰的成绩虽然下降了一些,但他很开心。

我见过小杰几次,明显发现他脸上的笑容渐渐多了起来,他的眼中重新燃起了对生活的热爱与好奇。尽管学业上的压力并没有完全消失,但小杰学会了自我调节,他的情绪逐渐稳定下来，自残行为也没了。

"你的孩子，不是你的孩子。你的孩子，是来度你的。"这是她在我的采访里，对我说过的最震撼我的话。

小杰学会了玩滑板，还在一次滑板公开赛里拿了奖，这不也是一种成功吗？

她慢慢明白，真正的成功不只是学业上的成就，更是孩子的身心健康和快乐成长。从此，她成了一个支持孩子全面发展的家长，她经常开玩笑说："我们这是放弃成为国家栋梁，你懂吗？"

每次她焦虑到不行的时候，她就想起孩子对她说的话："希望你对自己好点。"

我曾经也有很长一段日子非常疲惫，也会经常对自己说："尚龙，对自己好点。"所以在采访的最后，我问她："什么是对自己好点？"

"所谓对自己好点，就是放过别人，也放过自己。"

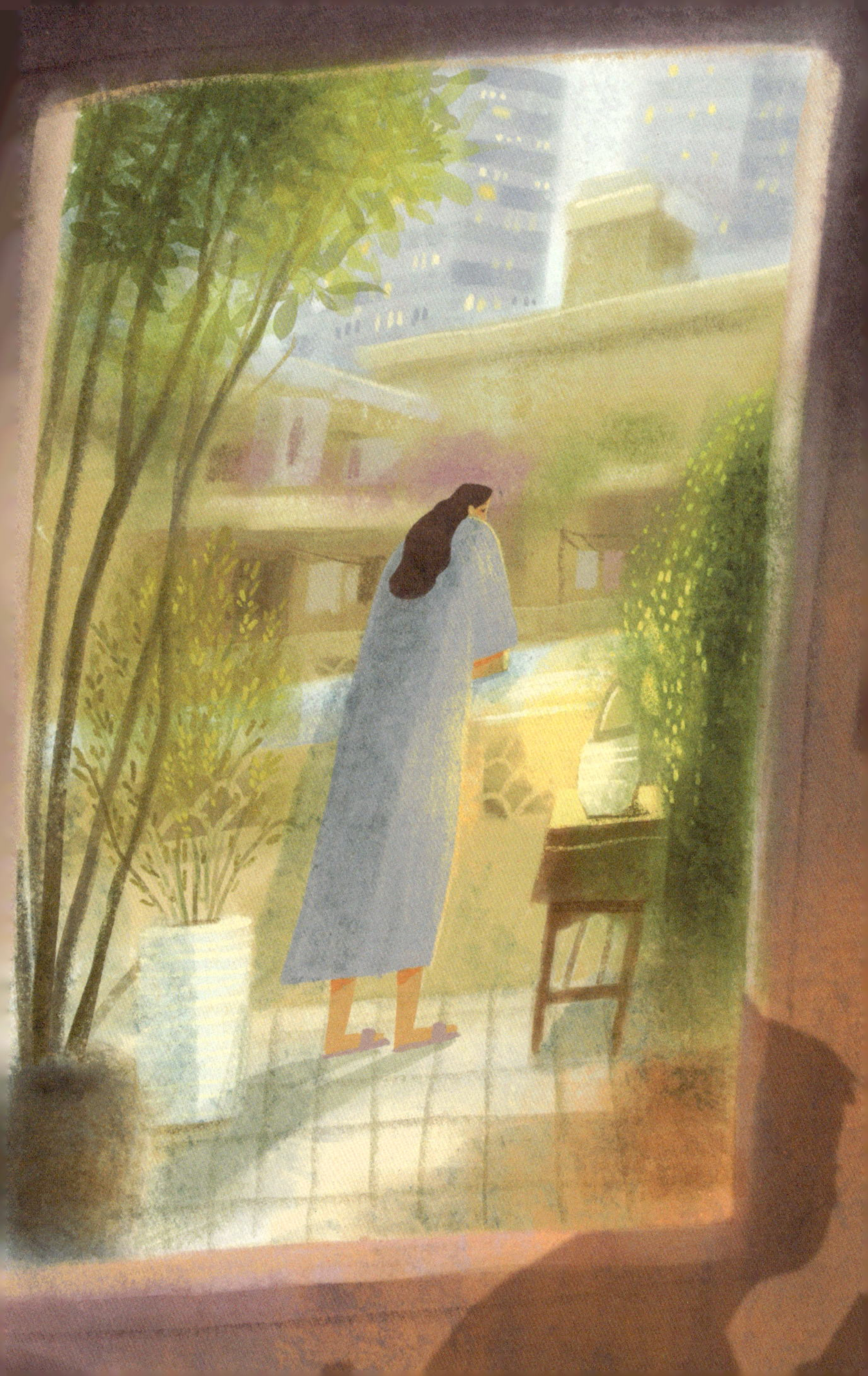

小柯

我离开北京去加拿大留学前，小柯请我吃日料，我跟她说想写她的故事。她问："你想怎么结尾？"我说："没想好。"她说："就一个要求，不准把我的故事写成离婚后逆袭的爽文，我已经看够了。"我问："你不想成为这样的女主吗？"她说爽文有个特点：第一次看羡慕女主，第二次看想成为女主，第三次看会明白，其实生活比爽文复杂多了。

她说这话的时候，自己倒了杯红酒。北京春暖花开，亮马河外面有人撑起帐篷感受着初春，餐厅里的一杯杯红酒、清酒、白酒仿佛在为每个人的传记配乐，天上的月亮和星星预示着明天是个晴天。小柯喝了不少，她从来都是这样，爱喝还喝不醉，总能把我们送回去再自己回去。尤其是在她离婚后。

"那你把我写成一个知名女作家吧，能办签售会的那种，哦，对了，把那小三写死。"她说。

"你这不还是爽文吗？"我说。

她笑了，跟我说刚离婚那会儿，她也曾幻想过那种华丽转身的逆袭剧情，以为自己只要足够坚强就能迅速恢复，甚至过得更好。但现实是"离婚拆掉的是我的婚姻，重组的是我的余生"。她说这话的时候，我感觉万事万物在空中重组，所有的暗物质穿越我们的身体，抵达我们的余生。

小柯的故事给我的启发很大，尤其是人到中年后，身边离婚的人一个接着一个，有些带着孩子，有些带着好几个孩子，有些没有孩子。

所以，离婚对这一代人意味着什么，我一直不敢在媒体公开说这些事情，因为光婚姻这件事，就已经把人分成了两部分，彼此互不兼容。就像高铁上带着孩子的人和单身的年轻人是天然的敌人一样，一方怪罪为什么连孩子都不放过，一方怪罪家长为什么不好好管孩子。

所以，很多故事，还是放在书里更好，毕竟看书的人通常是还在理性思考的一群人。

那么是离婚对，还是存续对？是不结婚对，还是早结婚对？

看完这个故事，我想你应该也会有自己的答案。

写这个故事的时候，是一个深夜，我翻看我和小柯的聊天记录，想起她跟我说的故事。写完的时候，天已经亮了，我看着刚露出第一抹鱼肚白的天，关上电脑。

我该睡了，我想，这个觉，我能睡得很香。

❶

让我从这里开始：

小柯刚离婚的那段日子里茶饭不思。此前我们聚餐她从来不喝酒，那天坐在我们一群朋友面前，她却自己主动点了一瓶。她就如一幅未完成的肖像画，画面中的她定格在半空中，笔触细腻又凌乱，像是艺术家无意掩饰的生活的斑驳。

她的脸没什么血色，像落日余晖下的最后一抹暗淡霞光，苍白无力又带着一丝病态的憔悴。

"昨天办的？"我问。

她点点头。

我也不知道怎么安慰她，毕竟劝和不劝分，我也不能说离得好，还是一起吃饭的一个哥们儿会说话，对小柯说："单身快乐！"

说完大家就喝了一杯，杯子碰撞的时候，都是梦碎的声音。去唱歌的时候，那哥们儿也挺有趣，点了一首《单身情歌》。她坐在角落，微弱的光在她脸上投下浅浅的影子，她的视线显得深邃而遥远。一位朋友点燃了一支烟，她的眼神穿透了缭绕的烟雾与斑斓的霓虹，穿越到了另一个时空。

那个时空的她还没结婚，还是一个自强的女人。

她是我原来在新东方的同事，她教日语，我教英文。北外本科加硕士毕业给了她一种天生的精英感。她不愿多说话，也很少诉苦，眼睛里只有事情——想事，做事，成事。

命运很早之前给她画了一幅残缺的家庭画卷：父母离异。但她决心自己拿起笔，画完这幅不完美的画卷。她在漫漫学海中孤舟独航，每一页翻动的书本都是她对抗困厄的力量源泉，最终，那座熠熠生辉的学术殿堂——北京外国语大学，在她辛勤的尽头敞开了大门。

这一待就是七年，毕业后，她发誓要有一个完美的家庭——不离婚的家。

我从新东方辞职之后，就再也没和小柯见面了，听说她很快就结婚了，嫁给了一个家庭条件不错的朋友。

她再次出现在我们视野的时候，是抖音刚刚开始火的那几年。她的身影频频出现于我们的指尖滑动之中，我们总能刷到她在教日语。小柯红了。

像我这般拙于展示之人，纵然胸藏千般学问，脑纳万缕思绪（好了我不嘚瑟了），无奈貌不出众，抖音是怎么也做不起来的。

她又好看，又努力，日语发音又好听，半年里坚持日更短视频，每周一次直播，很快有了八十多万的粉丝。评论区多少人叫着"老婆""女神""嫁给我"……我默默地感叹，多好的姑娘，可惜结婚了。

就这样，我们重新建立了联系。

有次我们一起吃饭，我问她什么时候生娃，她一下子就愣住了，说："不要再说了。"

然后就是死一般的沉默，身边的另一个朋友说："你不知道她正在离婚吗？"

我说："我当然不知道。怎么离的？"

"还没呢，在焦灼中。"

我就没敢再问了，每次问到别人难言之处的时候，我都会停一下。因为这种事情，对方想说就说了，如果不想说，一定是不能说。

我曾经写过一本书《我们总是孤独成长》，那是一本写爱情的小说。我说关于婚姻我一无所知，但是关于爱情我知道，我们必须相爱，否则我们将会死亡。但是当时在这样浪漫的话语体系下，我忘记了一件事：爱情是会消失的。如果两个人因为爱在一起，没有爱了是不是就要麻烦民政局叔叔阿姨把证剪了？

记得那是疫情暴发的第一年，我是湖北人，看到一则本地新闻：从民政部2020年发布的一季度统计数据来看，湖北一季度结婚登记49 742对，离婚登记21 800对，一季度离婚登记占结婚登记的43.83%。这数据估计还是保守的，因为像我这个年纪的，身边朋友离婚的已经高于这个数据了，而且还有离两次的。

我不知道离婚是一种什么感觉，但我知道分手挺痛苦的。后来小柯说，其实差不多，都是感觉自己某个地方仿佛被掏空了，一直在流血。

柏拉图在《会饮篇》里说，人原来都是球形人，四手四脚。

起初，男人是太阳生的，女人是大地生的，人想造诸神的反。宙斯想削弱他们，但不又想失去献祭的来源，因而将他们劈成两半。经过一系列改造后，人有了现在的形状，但是他们都十分思念另一半，甚至到了不食不休的地步。直到他们找到另一半，才结束了痛苦。

从这个角度去思考，我想我能明白离婚的感觉了，就是好不容易找到的那一半又没了。于是人又变回了半个，那血就从分开的地方流了下来。

那是一种丧失感，就像身体的某个部分被剥离了一样。

小柯并没有跟我们说什么原因，只记得那次她说："我觉得自己忍不了。"

❷

当然，后来我们也知道原因了。

我听过的出轨的故事，有现场抓包的，有查手机微信发现猫腻的，有被朋友在街上撞到打小报告的，只有小柯最离谱，她是在淘宝买东西的时候看到的。

她说她从来不看老公的手机，也不问他去哪儿，但不能不用淘宝买东西吧。

淘宝的对话消息是可以手机和 iPad 同步的，只要登录上同一个账号，那边的聊天也能同步过来。她说："如果要我给那些出轨男女一个建议，就是不要用淘宝作为聊天工具，那玩意儿更容易被看到。"

这样的生活持续了一年多，她甚至顺藤摸瓜知道了那小三也有老公，她老公还给小柯前夫的创业项目投了资。

她能看到所有的聊天记录，也能看到丈夫回家后的假心假意。她扮演着一位冷静而敏锐的观察者角色，看着丈夫拖着疲惫的身躯踏进家门，一边对她表现出伪装的关爱与责任感，一边又小心翼翼地隐藏着他内心的空中花园。

她想隐忍，她认为每个男的都是一样的，可能是被对方冲昏了头脑，过一段日子就能回归家庭了。

但这样的日子并没有结束，反而变本加厉。直到有一天，她握紧手机，聊天记录中的秘密如同达摩克利斯之剑悬在她的头顶，随时可能落下，割破这虚假和平的幻象——对方怀孕了，甚至还流产了。

但很快，小柯想到自己还没有生孩子，于是她选择继续隐忍。

长时间的忍耐并未换来期望的改变，反而换来了变本加厉：小三离婚后"逼宫"了。

小三天天在她的直播间骂："你怎么不敢正面回应？你为什么不愿意见我？我们聊聊呗？看看在爱情上谁是小三？"

谁能想到一个小三竟然搬出了爱情，但小柯还是继续隐忍。

小柯想，只要不离婚怎么都行。

前夫也认定她不会离开，以为她离开自己没办法生活。

我们都在好奇小柯为什么不离婚，她无意间说出了这句话："我不能离婚，因为我离婚，我就成我妈了，那我的天就塌了。"

但最终，他们还是离婚了。至于谁先提的，怎么离的，最后一根稻草是什么，我不得而知。

有人说小三的行为越发嚣张，不仅在网络上公开羞辱她，还在现实里找人围堵她和她面谈，也有人说她发现前夫在转移夫妻共同财产，还有人说李尚龙在其中挑拨离间……但是我知道的是，离婚后，天没有塌下来，小柯的世界也没有因此毁掉。

她搬出了那个住了好多年的家，经朋友介绍找到了一份很好的工作，跟着老板在日本和北京两地跑。

她也不再使用她的账号，法院判决之后她拉黑了前夫，至于那个小三的时常骚扰，她处理得也很简单：报警了。

她重新开始了自己的日子，虽然艰难，但好在还是重新开始了。天空虽偶有阴霾，但未因此坍塌，青春虽有遗憾，人却终将长大。

我曾经听过一句话："如果一个本分的女人想要离婚，那只有一个解释，就是不能忍了。"每次真正重启的背后，其实是一次英勇无畏的涅槃。面对错误的婚姻，离婚的决定不好做，但早晚是要做的。

3

我们这代人是看琼瑶阿姨的电视剧长大的，有一次在北京的剧作家聚会上我见到了琼瑶，那时她年纪已经很大了，我还问过她："您现在还相信爱情是一辈子的吗？"她说了句话，完整的话我忘了，但大概的意思我一直记得，她说："我从来不觉得爱情是一辈子的，因为短暂，所以才需要文学去记录。"

随着手机盛行，互联网无处不在，人们可以随时聊天，能接触到好多人，我们这代人的婚姻观也随之改变了。我身边离婚的人都和小柯一样，有这个特点：先痛苦，再忍受，最后决定离开。

小柯还好，没有孩子。我见过几个自己带孩子的单身母亲，从盲信爱情，到婚姻破裂，再到一个人坚强地扛下养育孩子的责任。

其中让我最感叹的一位姑娘，她拿到了美国一所学校的研究生录取通知书，但脑子一热放弃学业，投奔上海的男朋友，远嫁怀孕。当她发现老公外面的事情时，一个人在湖边发呆，几次都想跳下去。但还有两个月孩子就出生了，她摸着肚子里快出生的孩子，孩子突然踢了她一脚，那一脚像是踢到了她的脑袋，把她踢醒了。

分娩当天，她在产房咬着牙没打无痛生了孩子。坐完月子后，她提出离婚。孩子大一点时，她重回职场。孩子上小学后，她决定重回学校，续下和那所大学的缘分。

走出婚姻的人都有个特点，的确当时不好过，但无论遇到多少伤痛，在时间的长河中，一定会有一天，他们笑着说：都过去了。

的确，你可以什么都不信，但你要相信时间的力量：时间能洗刷伤痛。重要的是，时间能让你忘掉痛苦。虽然"人生若只如初见，何事秋风悲画扇"，但我更喜欢《了凡四训》里的那句"从前种种，譬如昨日死；从后种种，譬如今日生"。过去的事情，时间总会让你从内到外地过去。

我也曾经历过一段痛苦期，还特意去咨询了心理医生，医生给我说过一个理论，每一个分手或者离婚的人都会遇到五个阶段：第一阶段是否认或者逃避，大脑为了防止自己受伤，会抽离一段日子；第二阶段是愤怒，心想这人是怎么敢背叛、抛弃我的，这种愤怒其实也是对自我的保护，愤怒是期待的落空，在责备自己的不足；接着进入第三阶段的讨价还价，有些人甚至去和前任谈判，想让他们继续满足自己的期待，虽然大多数讨价还价的结果会更糟糕，但他们还是这么做了；第四阶段是悲伤，人进入痛苦期，感觉自己很失败；最后一个阶段是接受，接受现状，重新规划自己的未来。

心理医生还说："其实最好的方式就是什么也别做，别去联系对方，别去压迫自己，就专注自己的感受，其他的交给时间。"对很多离婚的人来说，对自己最好的方式，就是把结婚前想做的事情列下来,比如理个一直想要的发型,去个一直想去的地方,甚至去读一本一直想读的书,最后告诉自己:"我终于可以做了。"

总之,学会把痛苦交给时间,时间会帮你走出来。

后来,我见过小柯几次,她说:"离婚一开始是解脱,然后是痛,那种痛不是肉体上的痛,是精神上的。有时候深夜我需要开着灯睡觉,放着电视的声音才能不害怕,家里要有声音,睡前要有酒。有段时间我不能看电视剧,只要看到剧里有求婚、结婚、离婚的情节就哭。"

我问她这种痛苦持续了多久,她说:"三个月吧。"还说,"尚龙,我要是开门课,我会让这些跟我承受一样痛苦的人一陷入痛苦就开始倒计时。三个月总能过去,放心,总会过去。"又说,"你说我这门课一年收个365元不过分吧。"

她继续说:"原来觉得离婚天都塌了,后来发现生活还是要继续。生活是自己的,谁都不疼你,你得疼你自己。"

后来我也明白了,为什么她原来一杯也不能喝,现在却像是开挂了,无论喝多少,永远能安静地自己打车回去。她是在自我保护,她潜意识里知道,没人再接她回去了,回到家要面对冰冷的一人世界。她羡慕别人耍酒疯,羡慕别人可以无节制地喝到断片被人接回家，因为他们有人照顾，可自己没有了。

还记得有一次我问她："你不就想摆脱婚姻吗？你的目的不是达成了吗？"

她说："我没想摆脱婚姻，我只想让自己幸福开心。"

原来走进婚姻并不是终点，走出婚姻亦非目的，让自己幸福才是归宿。

所以，回到开头的问题：是离婚对，还是存续对？是不结婚对，还是早结婚对？

答案是，做让你幸福的决定就是对的。

4

小柯再次找我的时候，是在一个业务局上。她说她想当个作家，让我给她改改稿子。

她说，离婚后的数月里，经过一系列痛苦而艰难的心理调适，在某个深夜，她独自坐在客厅面对电视屏幕闪烁的光影，电视机里突然播放起一部熟悉的爱情电影，其中的男女主角正经历着情感纠葛。

这场景似乎成了她内心世界的投影,唤起了她对自己婚姻悲剧的深刻反思。她决定不害怕了。她的眼眶中泛起泪光,但她并没有让眼泪落下,反而凝视着屏幕上那对情侣的决裂与和解,恍然间领悟到,自己的人生不应被这场失败的婚姻定义。于是,她拿起了手中的笔,决心将这段心路历程付诸文字,她给自己的这本书起了个名字,叫《离婚前100天》,让这本书作为自己从泥沼中挣脱、向新生活迈进的见证。

在接下来的日子里,小柯全身心投入写作,一字一句皆是血与泪的交融,每一个章节都承载着她从痛苦到释然的转变。当她终于完成这部饱含真情实感的作品时,发现自己已经写了二十万字。

那天晚上,我看她的稿子看到泪流满面,感叹她一路走来真的不容易。

我给她打了通电话,说:"好看,但你这不一定能过得了审,太露骨了,这么多细节要是出了就有人找我麻烦了。"

她说:"这书出不出不重要,重要的是,我写完了。对吗?"

她还说:"写作这事儿真的是治愈。"

我问了她一个我一直想问的问题:"那你觉得经历了这一

切,值得吗?"

她沉默了一会儿,说值得。

然后她说了句很有哲理的话:"我来这世界,不就是为了经历些没经历过的东西吗?"

是啊,你来这世界,不是来循规蹈矩的;你来这世界,是来体验的,体验不一样的生命。

生命你带不走,什么你都带不走,你走后,一切都不属于你,所以,人生的一切都是体验。

当然,情商这么高的我,肯定不会直接回应她的这个观点——"我来这世界,不就是为了经历些没经历过的东西吗?"我如果赞同了她,她万一发在抖音上,说著名作家李尚龙觉得离婚也是一种体验,觉得离婚也挺好,朋友们快去喷他,就糟了,哈哈哈。

小柯,我想对你说的话,放在这篇故事里了:"你来世间一遭,不是为了嫁给谁,成为谁的老婆或谁的母亲。你来这一遭是上天给你发了体验卡,你要做的,就是完成上天给你的任务,用心去体验,然后证明给自己看,我没有白白度过这一生。"

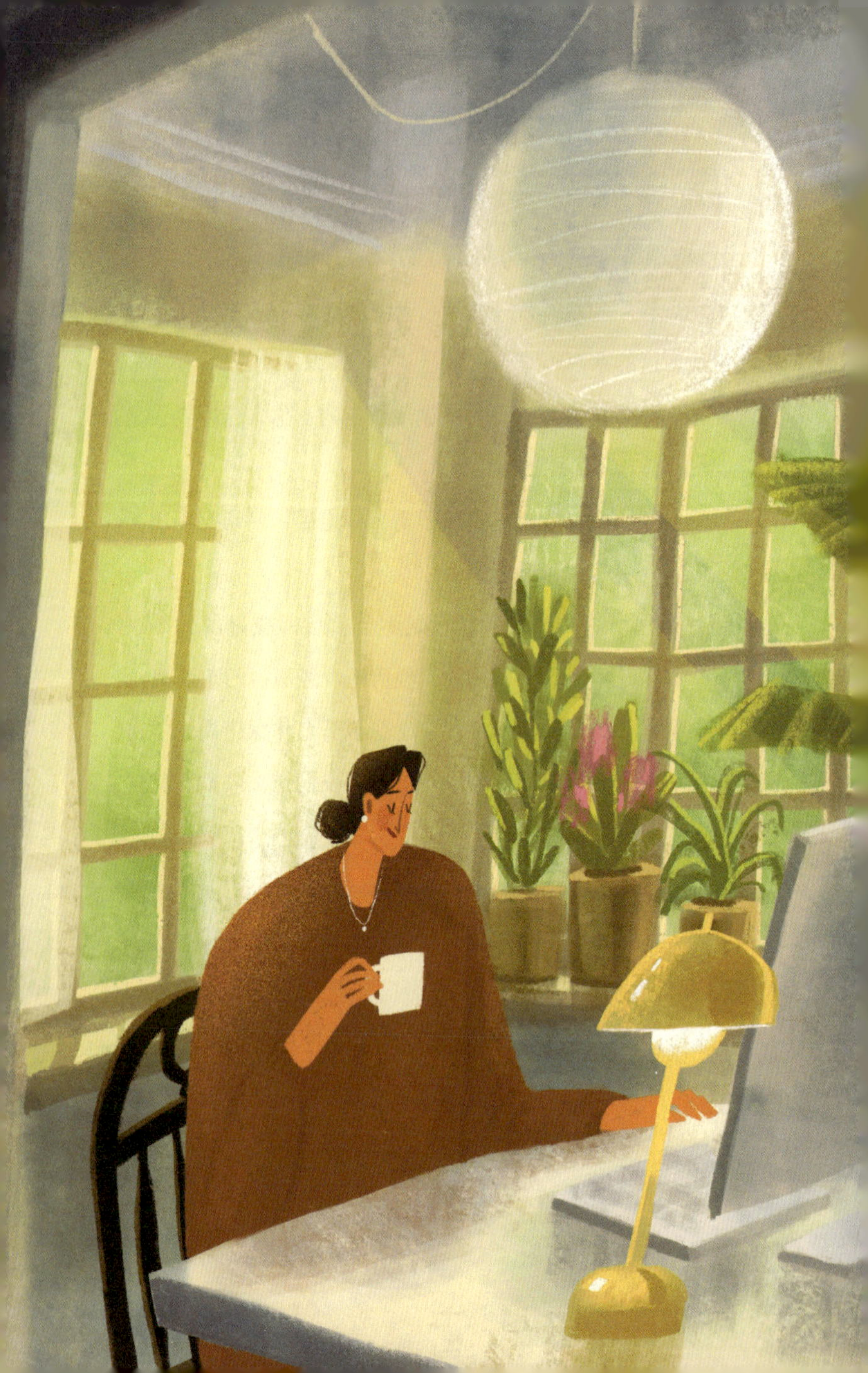

星光不负赶路人

❶

这是小白不知道第几次在工位上哭了。

她说:"谁还没在工位上哭过?"

但我特别想说,我就没有。因为我没有工位。

人有个特点:要么按照自己的想法去活,要么被迫按照自己的活法去想。人的活法其实可以多种多样,只要你不给自己设限。

小白的同事说:"小白可是个老好人啊!"说完就摇摇头。

不知道从什么时候开始,"好人"这个词变成了贬义:在感情里说那人是个好人，就是拒绝了他；在生活里说那人是个好人，就是在说他笨；在工作里说那人是个好人，就说明他好欺负。

小白和无数刚进入职场的年轻人一样——总被欺负。

为了帮助团队完成项目，小白经常加班到深夜，键盘的敲击声在空旷的办公室中回响，但这些额外的努力很少得到正式的认可或补偿。功劳都被领导夺走了，锅都是自己背。

那天，小白的手指在键盘上飞快地敲击着做PPT，因为明天领导要用这份PPT给他的老板汇报。办公室的灯光在深夜里显得格外冷清。

这时，前辈小王走了过来。

"小白，这份报告明天早上能给我吗？"小王的声音打断了她的专注。

"但是，王哥，这不是你负责的部分吗？"小白的声音带着一丝迟疑。

"我知道，我知道，但我这边突然有急事，你知道的，我家小孩刚出生。"小王带着歉意的微笑，但眼神里却没有一丝诚意，仿佛这事是她该做的。

小白叹了口气，点了点头，说："您放那儿吧。"

又一次，她的夜晚被工作占据。她看着窗外的星空，陷入沉默。

"别忘了是明天啊。"小王临走时又提醒她。

❷

我尝试用一些词来形容小白，但总是找不到合适的。有一天和一位年轻职场人聊天，他说的这番话给了我很大启发：乐于助人，却被当成理所应当；不善拒绝，但什么都是别人的功劳；总想表达，却总被忽略。

我问小白："你为什么不辞职？"

她说她不敢，因为这份工作是她的父母给安排的。

毕业那年，她决定离开武汉去深圳打拼。拼了几年头破血流，她从深圳回到武汉，爸妈抓住好不容易有的借调的机会，安排她来到这家国企。爸妈说未来说不定她可以留在这里，如果能留在这里，她就能想办法考个公务员，留在家乡过上稳定的日子。

她这样加班已经不是第一次了,有时是自愿的,但大多是无可奈何的。很多临时的加班,让她身心俱疲。那年她找了个男朋友,两人有一次约好了去看电影,结果小白临时被布置了一项任务。当她在白炽灯下燃烧着自己的青春时,手机响了,是她男朋友的来电。

"小白,你到哪儿了?我们的电影快开始了!"男朋友的声音从电话那头传来。

"真的很抱歉,我这边突然有紧急的工作要处理。"小白的声音带着歉意。

"又是这样,小白,你总是工作优先。"男朋友有些失望。

小白心中充满了愧疚,她知道男朋友已经习惯了她的"放鸽子",也会原谅她的"放鸽子"。她挂断电话,看着桌上的文件,感到一种说不出的疲惫。但没想到,那之后,男朋友不再理她了,她再也没联系到他。

"你后悔因为工作失去他吗?"我问她。

她不说话,就呆呆地看着桌面。

最狠的一次加班是她生日那天,她和一群朋友去 KTV,点了二十多首歌,却突然被领导电话通知回来加班。

她火急火燎地跑到公司,打开手机帮忙拍视频,等工作结束再回到 KTV 时，她的朋友已经走光了，她自己唱了一首歌："生日快乐，我对自己说……"

唱完就哭了，她不知道自己在做什么。那年，她三十岁。她在这家公司干了三年，加班了三年。

她翻开儿时的日记本，总会感觉陌生，她不知道自己是什么时候丢掉了理想，似乎连说"理想"二字都充满着奢侈。三十岁生日的这天，她还被催婚了，爸妈一边给她过生日，一边嘲笑她："你说这瓜为什么不甜？因为无籽的一般都不甜，跟日子一样。"

她说："爸妈，我现在以事业为重，年底我就可以升职加薪了。"

她想着：三年了，轮也该轮到自己了。

一个月前，人事经理小张叫小白过去，让她兼着自己部分的工作，还说："我听说领导今年年底要提拔你。"

她以为自己要升职加薪了，忙说："那我一定好好干。"

年底，公司公布了一批晋升名单。

中午吃饭的时候，同事兴奋地对小白说："晋升名单出来了，咱们组的晋升名单你听说了吗？"

小白的心跳加速，她一直期待着这次晋升的机会。她点了点头，尽力掩饰自己的紧张。

"哦，是的，我听说了。"她回答。

"是的，这次是小张，他真的很出色，那么多工作都做得这么细，不是吗？"同事继续说道，没有注意到小白脸上的失落。

小白想起小张让她做的那么多事，到头来这些功劳却都算在小张头上。

那是她第一次萌生辞职的想法，她找不到工作的意义，纠结在这些人事关系之中。如果工作只是在做 PPT 和表格，如果上班的价值就是在加班，那她活到三十岁到底在做什么？

那是个周末，公司举办了庆功宴，小白坐在餐厅的一角，面前的圆桌上摆满了各式菜肴，但此刻她的注意力完全不在美食上，她只想走。但是按惯例，每个人都要轮流敬酒给升职加薪的人，表达对团队的感激和对新领导的祝福。

"来来来，小白，轮到你了。"小张的声音洪亮，带着几分酒意，他的眼神里闪烁着期待。

小白站起身，端起酒杯，手心微微出汗。她并不擅长饮酒，更不善于在这样的场合发言。何况，这个位置本来可能是她的。

"小张，对不起，张经理，感谢您这个季度的指导和帮助，我学到了很多，也祝贺您。"她的声音有些颤抖，但她还是鼓起勇气，将杯中的酒一饮而尽。

同事们纷纷鼓掌，但小王的脸上却挂着一抹不怀好意的笑容。"小白，这就完了？你得单独敬张经理三杯，表示诚意啊。"

小白感到一阵眩晕，她知道自己的酒量达不到三杯，便推辞道："王哥，我真的不能喝太多，我……"

"哦，别这样，小白。"张经理打断她的话，脸上是带着醉意的笑容，"这是我们团队的传统，也是未来会延续的好习惯，你不会连这点面子都不给吧？"

其他同事也开始跟着起哄，小白感到前所未有的压力。她不想让自己看起来不"团队"，也不想在众人面前失态。

她深吸了一口气，再次端起酒杯。一杯、两杯，到第三杯时，她感到胃里翻江倒海，但她还是硬撑着挤出一丝微笑。

终于，宴会结束。小白几乎是被人扶着走出了餐厅。冷风一吹，她的意识稍微清醒了一些，但心中的屈辱和不适却愈发强烈。

这一夜，小白躺在床上辗转反侧。酒精能融合现实和理想,那酒精把她带回到了大学期间。那时她对未来充满着信心,她想创业,想出国旅游,想读研究生,她觉得未来无懈可击,觉得自己就是未来。可是现在,她感觉自己就像一个饺子,被困在了一个茶壶里。

小白决定,从明天开始,她不要再做那个默默承受的"老好人",她要做自己。

第二天,她对着镜子演练了好几遍辞职的话术,然后决定去辞职。至于未来要做什么,她根本不担心,毕竟在她看来,三十岁,人生才刚刚开始。

第二天清晨,小白带着一夜未眠的疲惫和决心,准备前往公司递出辞呈。她不能再忍受那样的工作环境,她需要寻找一个更尊重个人价值和健康的地方。

然而,就在她正要出门的时候,她的电话急促地响起,是她妈妈打来的:"小白,你爸爸突然病重了,你快到医院来。"

小白心急如焚,请了假立即赶往医院。医院的白色走廊显得格外冷清,空气中弥漫着消毒水的味道。她看到父亲躺在病床上,面色苍白,但眼神依旧温暖而坚定。

"爸爸,你怎么了?"小白的声音带着哽咽。

"孩子,别担心。"父亲的声音虽然微弱,却透着力量感,

"我只是需要好好休息一下。"

小白紧握着父亲的手,心中充满了愧疚和担忧。父亲继续说道:"听你妈说,你最近工作不是很顺?但那家公司很稳定,你在那里,我和你妈妈就放心了。"

小白的心中五味杂陈。她原本坚定的辞职念头开始动摇了。

她知道,对于父母这一辈人来说,稳定的工作比什么都重要。而且,父亲的医疗费用也是一笔不小的开销。未来父母老了,这压力和担子都会落在自己身上。

小白想说的话到了嘴边,却说不出口。

父亲轻轻拍了拍她的手,说:"我了解你,小白。但有时候,我们需要为了更重要的事情做出妥协。"

小白的眼泪在眼眶中打转,她深深地吸了一口气,点了点头。她决定暂时放下辞职的念头,但这并不意味着她会放弃争取自己的权益。

"我会好好干的,爸爸。"小白的声音坚定,她在心里默默地补充了一句:但我会找到改变现状的方法。

离开医院,小白的心情异常沉重,但也更加坚定。那是个周一,她因为请假被扣了钱,但她没有辞职。那之后,她变得更谨慎了。

年初团队大会,小白坐在会议室的一角,手中紧握着准备已久的项目提案。新领导小张鼓励团队成员分享想法。所有人都说了,只有小白没说。

"小白,你对这个项目有什么看法?"小张注意到了她的沉默。

小白紧张地清了清嗓子,说:"我……我认为我们或许可以……"她的声音越来越小,最后几乎听不见。

后来她对我说,这多像她的人生,活着活着就看不见自己了。

上司耐心地等待她继续说下去,但小白只是低下了头,放弃了发言的机会。

开完这个会后,同事们正在讨论即将到来的项目,小白在一旁静静地听着。

"小白,这个报告你来做吧,你在这方面做得最好。"小王不由分说地将任务分配给她。

小白心中涌起一股拒绝的冲动,但她没有说出口。她只是轻轻地点了点头,接受了额外的工作,尽管这意味着她又要加班。

她很羡慕那些刚进入职场的00后，在办公室里大声抱怨着工作的分配不公，小白只能在一旁静静地听着。

"小白姐，你不觉得这样很不公平吗？"一位00后同事转向她，寻求支持。

小白紧张地看了看四周，耸了耸肩。

"算了，我就知道问你也是白问。"00后同事失望地走开了，留下小白一个人站在原地，心中充满了愧疚。

她需要这份工作，不仅为了自己，也为了家人。

3

故事讲到这儿，我总会想起我经常遇到的一种人：他们谁都考虑到了，唯独没有考虑到自己。

让我把故事岔开一会儿，讲一个我高中同学的故事。他从小品学兼优，高三毕业后，他想报考音乐学院，父母却让他报了华中科技大学计算机系。大学毕业后，他找了个实验室的工作，工资不低，毕业后不到一年就结婚了，女方是父母找人介绍的，然后生了一个孩子，孩子三岁的时候，他得了重度抑郁症。孩子妈害怕他伤害孩子，就和他分居了，再次见到他的时候，他已经精神恍惚了，恍惚到时常自言自语，发微信给我们都是断断续续的。

我只记得他跟我说过一句话："我这辈子谁都考虑到了，就没为自己活过一天。"

我还记得我对他说的那句话是："你对自己好点吧。"

我们当时害怕他在家自杀，就让他来北京找我们玩儿。谁知道他来北京后决定不回武汉了。他自学了打碟，找了个酒吧当DJ。

他的老婆和爸妈来北京找他的时候，他满嘴脏话，逼得他爸妈哭着跑来找我们说，这孩子从来没说过脏话，怎么来北京变成了这样，让我们救救他。我一开始不懂，直到有一天我突然发现，他的抑郁症好了。因为他终于打开自己了，他敢表达情绪了，他终于做自己了。

再后来他在北京待了一个月，觉得还是武汉好，武汉有家人，就又跑回武汉了。他白天工作，晚上找了个兼职，在酒吧做DJ，从此再没犯病，就是说话越来越脏。

他给我说过一句话："我管你喜不喜欢我，我喜欢我自己就行了。"

让我回来继续讲小白的故事。小白找我咨询要不要辞职的时候，我刚好在看《动物世界》，我们在咖啡馆里闲聊起来。

"想象一下！"我开始说，"在广阔的非洲大草原上，生活着各种各样的动物。有的强壮，有的敏捷，有的则依靠智慧生存。

"草原上最强大的动物，比如狮子，它们因为力量和团队合作而站在食物链的顶端。

"还有些动物，比如羚羊，它们没有狮子那样的力量，但它们拥有速度。当危险来临时，它们可以快速逃跑，找到安全的避难所。

"然而，还有一些动物，比如土拨鼠，它们既不强壮，跑得也不快，但它们能挖出一个复杂的地下隧道系统，可以在危险时刻躲藏其中，保护自己。

"小白你看，这是自然界的规律，你要么像狮子，不用选择，你最强大；要么你得有选择，才能活下来。职场其实就是动物世界，你必须有'选择'。有些人拥有强大的资源和人脉，就像狮子；有些人拥有特殊的技能和知识，就像羚羊；还有些人可能看似平平无奇，但他们拥有应变的策略和坚韧的意志，就像土拨鼠。只有有选择的人，才不会被人欺负。你最大的问题是，你没有选择，你只能在这家公司里工作，所以你只能委曲求全，而别人欺负你时都知道你没选择，那你必然会被吃掉。"

这其实也是我在职场里学会的。当你有更多的选择时，你就有了更多的自由和力量去说"不"。你可以选择离开一个不健康或不利的环境，或者你可以选择利用你的资源和技能来改变现状，你更可以爽快地做自己。

❹

我知道她听进去了，因为半年后，我听小白的同事说，她完全变了。比如有一天，她站在会议室的前方，手里拿着她精心准备的项目计划。张经理刚刚对项目提出了一些修改意见，小白直接接话："经理，我理解您的考虑，但根据我们的市场调研，客户更倾向于我们最初的设计方向。"她的声音坚定而清晰。

同事们交换着惊讶的眼神：这还是他们熟悉的那个总是顺从的小白吗？

张经理沉默了一会儿,似乎在重新评估小白的提案,最后他说:"好吧,让我们再讨论一下。小白,你准备一个详细的分析报告,下周我们再讨论。"

"分析报告是小王的事情吧?"

张经理愣了一下,说:"是的,小王你抓紧给我。"

小白的变化让很多人都很震惊,尤其是那个姓王的同事。没过几天,小王走到小白的桌前,手里拿着一份厚厚的文件。"小白,我今晚有个事儿,你能帮我完成这份报告的校对吗?"

"前辈,我很乐意帮忙,但今天我的工作量也很大。或许你可以找个更闲的人一起校对,这样效率更高一些。"小白礼貌但坚定地回答。

好吧,这世界没有平白无故的变化,人也是不容易变的,那么她为什么变化这么大呢?

答案很简单,因为就在前些日子,她考上了上海交大的研究生,她要去全日制学习了。

在过去的一段日子里,每天晚上,小白坐在书桌前,面前堆满了工作文件和一本本厚厚的考研书籍。当夜深人静,整个城市都陷入了沉睡时,只有她的房间还亮着一盏孤独的灯。

她回想起白天在公司的一幕幕:自己的提案再次被忽视,

自己的未来一片迷茫,升职没戏,未来无期,同事们的议论声中带着对她的同情。小白感到一种深深的无力,她知道,如果自己不做出改变,这样的场景还会不断上演。

她要考研,她要给自己一个重新开始的机会。

但准备考试,太难了。比如面前的数学题,那么顽固。她看了看墙上的钟,已经凌晨两点了。她想,要不今天就到这里吧。但另一个声音在心中响起:你真的要放弃吗,要回到那段让自己窒息的人际关系里吗?

小白深吸了一口气,重新拿起了笔。一笔一画,她继续在草稿纸上演算着。她知道,每一次深夜的坚持,都是通往梦想的一步。

直到考研成绩出来。她闭上眼睛,深呼吸,然后慢慢地睁开眼睛,屏幕上的成绩清晰可见。

"恭喜您,您已成功通过考试。"

小白愣住了,她几乎不敢相信自己的眼睛。她的名字旁边是一排令人瞩目的分数,是她无数个不眠之夜的结晶。

泪水开始在她的眼眶中打转,她感到一种前所未有的释放和喜悦。她站起身,走到窗前,推开窗户,让凉爽的夜风吹拂在脸上。她抬头望向星空,那些曾经陪伴她度过无数个夜晚的星星闪烁着,似乎也在向她祝贺。

小白拿出手机,拨通了父亲的电话:"爸爸,我考上了,我真的考上了!"她的声音中带着一丝颤抖,但更多的是自豪和激动。

"我知道你其实工作得不开心,孩子。无论你做什么,我都支持你。"父亲的声音充满了骄傲和喜悦,这声音让她知道,其实她父亲只是想让她开心,并不是想让她一辈子在那家公司工作。

那之后,她在工作中变得自信了,因为她有了选择,领导小张也开始发现她的能力越来越强,果然没了压力,能力就来了。领导在大会上表扬了她,第二天叫她去办公室说要给她升职。她却说:"谢谢领导栽培,我马上要辞职读研了。"

她又说:"我不小了,不想给人打工了。"说完就走了,只给小张留下了个背影。

那背影坚定得像一座山。

有时候你会发现这世界就是如此,你不蹑手蹑脚,世界报之以歌。人生就像马太效应,你越勇于追逐,凡有的还要给你更多。

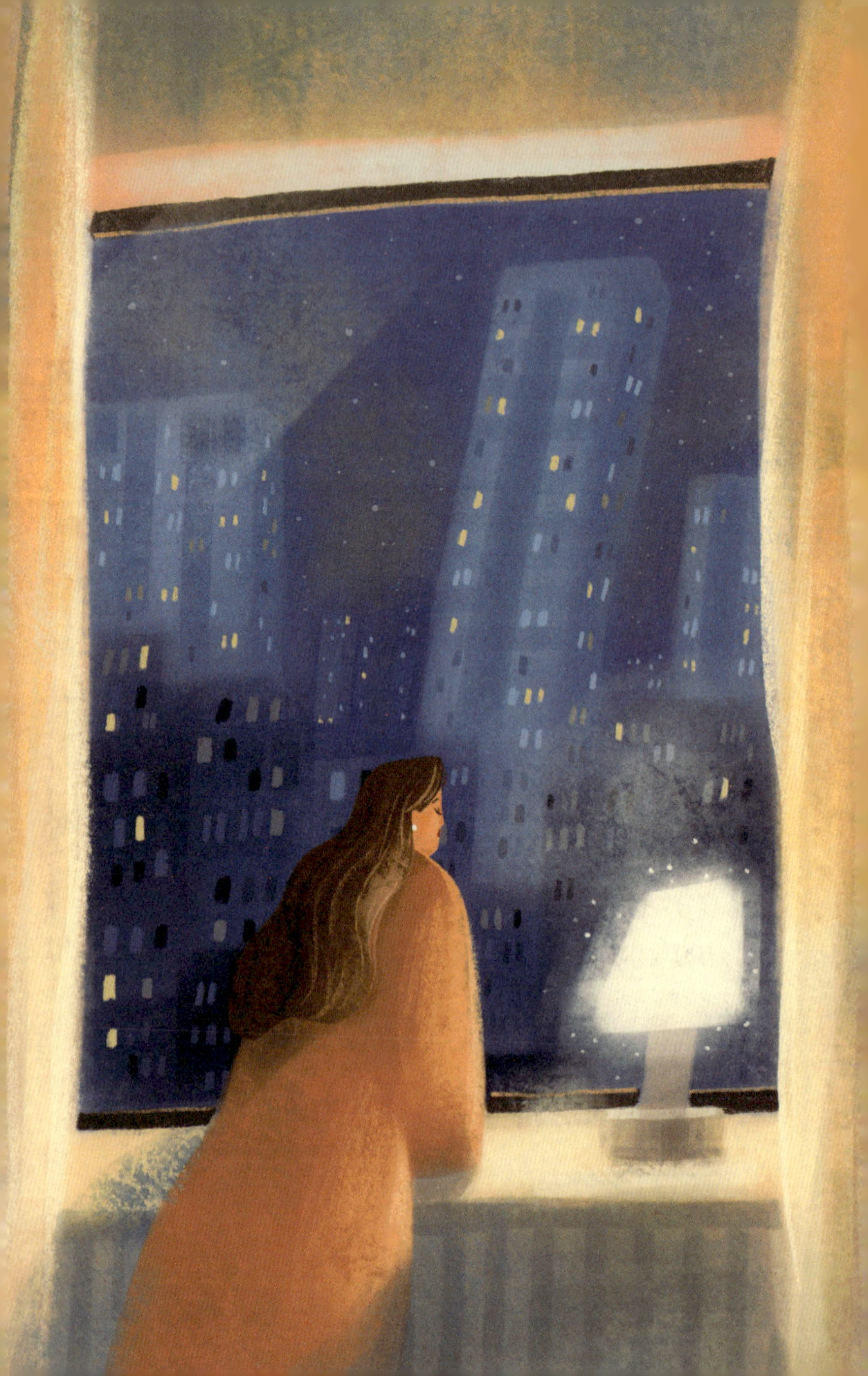

永恒的叶子

❶

这个故事给了我深深的震撼,它像一股潜藏在深海的激流,猛烈地撞击着我的灵魂,尤其在疫情期间,我身边也有人离世的时候。那时我时常在电脑旁边,一坐就是一天,我站在时间的十字路口,感受着人生的无常,仿佛我们每个人都在一个巨大的圆圈上奔跑,追逐着那些看似触手可及的梦想与希望,却不知最终的归宿,不过是一片虚无。

那是我带的一个写作班的学生给我讲的故事,这个故事,帮我从虚无中走了出来。我开始追求意义,哪怕是生离死别,也有自己的意义。我开始重新审视我的生活，我的文字，我的每一个行为。

那年，我办了一个写作大赛，想让我的读者们通过写自己的故事一起渡过难关。那段日子，我收到了很多故事，还把一些好的故事编成了一本书，书名叫《初生》。

还记得那是个深夜，学生大刘给我发信息，说有个故事，他一直不敢写，怕过不了自己这一关。

我鼓励他道："不妨试试？"

他过了很久回我："我试试吧，就是怕疼。"

"有时候疼才会成长。"我说。

家在哈尔滨的大刘没上过大学，二十一岁，已经在一家4S店当汽车销售快三年了。他说，每次看到车，都能想到那个女生，这也可能是他选择这份职业的原因吧。

大刘说他第一次见到那个女生是在他高一开学，她走进来时，他多看了她两眼，觉得这女生不一般，高高的个子，短头发，眼睛很有神，鼻子高高的，像要把脸提到更高的海拔。没想到，这女生还成了他的同桌。

这女生我就叫叶子吧。叶子坐在大刘的左手边，他说，他依稀记得，离他心脏的位置很近，每次叶子对他说话，他的心就跳得厉害。

那是个情窦初开又满是压力的时代，越是有压力，越容易情窦初开。

他忘了自己是什么时候开始喜欢上她的，好像是一次上课她举手帮他解围，或者是她把水递过去让他开瓶子，再或者是课间她给他分享小零食……画面如同散落的花瓣，飘洒在他记忆的长河中。

但他并没有表白，因为那个时候，学习永远是第一位的。高一结束，班里重新分座位，大刘抱着侥幸心理一直默默祈求不要换同桌，但两人还是被分开了。

他说，她坐在了自己的右边，中间隔了好几列，他的心空空的，总觉得少了些什么。

后来高二上学期的时候，学校实行了一项新的座位调整方法，允许学生在满足一定条件下申请与特定的同学成为同桌。但前提是——期末考试必须考到班上前十。

这是大刘的转变时刻，他下定决心，一定要考进前十，好让自己重新回到叶子身边。他给自己设定了倒计时，制订了一个切实可行的学习计划，包括每天的学习时间、复习科目和休息时间，他改变以往被动接受知识的方式，主动提问，积极参与课堂讨论。

老师们都觉得他变了，变得走路带风。在不懂的问题上他主动向老师请教，还利用课后时间进行学习。每当坚持不下去时，他就摸摸自己的心脏，感受那心跳的感觉，想象着叶子又坐在他左边时的画面。

期末考试的时候，他信心满满，考前还特意跑去对叶子说："我一定会好好考的。"

大刘后来跟我说："那时她还不知道我的打算，我想换位置到她旁边的打算，她还以为我就是醒悟了。"

后来，考试结果出来，大刘考了第十三名，虽然是他最好的成绩，但是因为没进前十，还是不能换位置。

谁知下学期一进教室，他看到座位图，傻了，因为叶子和他又成为同桌——这回叶子是坐在他右边。

叶子到教室时，走到他身边，看着他说："大刘，你位置错了，你应该坐那里，坐在我左边。"

他咧着嘴笑了笑，挪了个位置。

原来，叶子考了全班第六名，可以选择换位置，她选择了大刘当同桌。

❷

如果故事在这里能戛然而止该多好。但生活不是作者笔下的故事，生活是最牛的编剧，因为它就那么发生了，所以你不需要考虑它的合理性。

时间到了高三，一段被无数学子铭记的岁月，它如同一场漫长的马拉松，既有疲惫不堪的汗水，也有突破自我的喜悦。大刘和叶子共同经历着这段紧张而又充满希望的日子。他们像是两条平行线相交了。

每天清晨，当第一缕阳光透过窗帘的缝隙，轻轻照在大刘的书桌时，他已经坐在桌前，开始了新一天的学习。他的桌上堆满了各种复习资料和试卷，它们像山一样，把他埋在里面，那一张张一页页都记录着他的努力和汗水。

叶子也总是准时出现在教室，她的眼睛里闪烁着坚定和认真的光芒。每当她遇到难题，总是会皱起眉头，但很快又会舒展开来，因为她知道，只要努力，就没有克服不了的困难。

课间的休息时间，大刘和叶子经常形影不离，就连做课间操也会一起讨论学习上的难题。大刘在数学和物理上有天赋，而叶子的语文和英语成绩总是名列前茅。他们互相帮助，共同进步。有时候，他们会一起站在教室的窗边，眺望着远方，分享着各自的梦想和对未来的憧憬，那是他们短暂逃离书本的方式。

"你想考去哪里？"

"我想去北京，东北太冷了。"

"那我也去北京，我也觉得东北太冷了。"

叶子笑了："南方也不冷啊，你怎么不去南方？广州、深圳、武汉据说都很好。"

大刘也笑了，他没说话，但是他想说的话是："南方确实好，但是没有你啊。"

高考前最后一个寒假，学校为了帮学生们解压，组织大家去看冰雕。

可能是由于习惯，大刘和叶子上了大巴后，仍坐在了一起，大刘说他当时也不知道为什么要开这个玩笑，他问叶子："如果我们没考上一个大学，这会不会是我们最后一次这样坐同桌了？"

"不是还有一学期吗？"叶子回答他。

就这样，大刘坐在窗户边，叶子挨着过道，叶子在大刘的左手边。

那时他的心跳得很快,特别想跟叶子表白,对她说毕业后我们就在一起吧。但他想,日子还长,等两人都到了北京,再说也不迟。

哈尔滨的天空飘洒着细碎的雪花,如同梦境一般。大巴车内一片欢声笑语,同学们的兴奋之情溢于言表,他们叽叽喳喳,畅想着高考结束后的轻松与愉悦。大刘和叶子望着窗外银装素裹的世界,心中也充满了对未来的憧憬。

大巴车驶出市区,进入郊外的山路,雪势渐渐变大,路面开始变得湿滑。车内的气氛依旧热烈,同学们在车里拍照留念,或是讨论着接下来的行程。大刘和叶子也沉浸在这份难得的轻松之中,他们聊着对未来的期待,偶尔还会加入同学们的讨论。

突然,叶子开始作呕,连续对着过道呕了几次。

"晕车?"大刘问。

"嗯。"叶子说。

"咱们换个位置。"

说完他不顾叶子的摇头,把她拉起来,按在自己的位置上,跟她换了个位置。

"你看看外面的风景会舒服一些。"大刘体贴地说。

大巴车继续前行,路面的积雪越来越厚,车轮在雪地上留下了深深的痕迹。司机师傅不得不降低车速,小心翼翼地驾驶着。大刘回忆道,有一段时间,他似乎只能听到车轮轧过积雪的沙沙声和偶尔的滑行声。他并未意识到,这或许是命运的悄悄话,那是一种无法言说的征兆。突然,大巴车在一个转弯处遇到了一段积满雪的斜坡,车轮在雪地上打滑,发出了尖锐的摩擦声。司机师傅紧急制动,试图稳住车身,但车辆还是在滑行中倾斜。

就那么一瞬间,车子翻了。

朝着叶子那边的窗户方向,倾斜了下去。

❸

等大刘醒来的时候,他已经被同学拖了出来,他惊惶失色,但好在大难不死。

他喊着叶子的名字,踉跄地站起来寻找她的踪迹,但她却仿佛消失在了风雪之中。

叶子被压在了大巴车下，等救护车到来时，她已经没有了生命征兆。

那天是 2018 年 2 月 13 日，离情人节差一天。

那次大巴车事故，班上十五个同学受伤，三个同学死亡，其中一个就是叶子。

从此大刘痛不欲生、难以自拔，因为他知道，其实死的人应该是他：如果他不提出换位置，就不会有叶子的悲剧。

他更痛苦的是，自己没有跟叶子表白，而且他也不会再有机会知道叶子是不是喜欢他了。

大刘的世界，从此失去了颜色，每一天都如同在重复着那个悲伤的清晨，无法逃脱，无法自拔。

学校为三位同学举办了追悼会，灰暗的天空低垂着，仿佛在为叶子的离去默哀。雪花轻轻飘落，覆盖了大地，也覆盖了那块冰冷的墓碑。

大刘站在叶子的坟墓前，眼前模糊了，泪水在眼眶中打转，终于忍不住滑落下来。他的肩膀微微颤抖，试图压抑自己的哭声，但那份撕心裂肺的痛楚让他无法自制。他的心仿佛被一只无形的手紧紧揪住，每一次呼吸都像是在用锋利的刀片切割他的心脏。

大刘的思绪回到了悲剧发生的那个时刻，他的每一个决定，每一次沉默，都像是在无形中推动了命运的车轮，导致了叶子的离去。他多么希望能够回到过去，改变一切，哪怕用他自己的生命去交换。但现实是残酷的，时间不会因为他的悔恨而倒流。

他的哭声渐渐变得沙哑，但泪水依旧止不住地流淌。大刘跪在雪地上，冰冷的雪花与他的泪水交融，他的双手抚摸着墓碑上叶子的名字，仿佛这样就能与她的灵魂接触。他低语着叶子的名字，一遍又一遍，仿佛这样就能将她唤醒。

他一边哭一边撕心裂肺地喊着："我早就知道，她不应该坐在我右边。"

叶子的父亲走了过来，扶起了他，抱了抱又拍了拍他。在那场葬礼后，大刘的精神崩溃了。后来，大刘高考失利，没有考上大学。

他开始写下一封封信，倾诉着他对叶子的思念和未曾说出口的爱意。这些信件，他从未寄出，只是将它们锁在抽屉的最深处，成为他心中永远的秘密。他跟我讲述这个故事的过程中，把信都拿给我看，每一封我都能看到生离死别的悲伤。

随着时间的流逝，大刘逐渐明白，有些问题或许永远不会有答案。叶子的离去，留给他的不仅仅是遗憾，更是一份成长的疼痛。他开始学会接受这份无法挽回的失去，学会在心中为叶子留下一片温暖的地方，让她的笑容永远定格在最美好的瞬间。

而他曾经最关心的问题——叶子是否喜欢他——已经不重要了。重要的是，她曾经出现在他的生命中，给他带来了一段无法忘怀的时光。他将带着这份记忆，继续前行，在未来的日子里，寻找属于自己的幸福。而叶子，将永远是他心中那片最纯净、最明亮的叶子。

高考失利后，大刘没有选择复读，而是独自一人背起行囊，踏上了前往北京的列车。在这个繁忙的都市，他找到了一份在4S店做汽车销售的工作。每天，他都会穿上整洁的西装，用专业的微笑迎接每一位顾客，似乎只有假笑，才能填补内心的空洞。

有时候人就是这样，笑着笑着就真的开心了。

他养成了一个习惯，每年春节回家，他都会提着礼物去看望叶子的父母，听他们讲述叶子小时候的故事，那一刻仿佛叶子从来没有离开。

每年的2月13日，他都会去叶子的墓旁。静静地站在墓碑前，低语着心中的思念和愧疚。他会在那里待上很久，直到天色渐暗，直到他感觉自己和叶子的距离又近了一些，然后才离开墓地。

这样的习惯持续了三年，这三年里，他不敢坐公交车，甚至不敢和女生说话。他内疚自责，他想要忘记那一天，但每次他即将忘记时，他又会更加自责，逼自己想起那天自己做的错误决定，他越自责越痛苦。时间想让他淡化回忆，他却逼自己痛不欲生。

直到三年后，他终于扛不住了，他决定写下来。

他说，只有这样，叶子才不会被人忘记。

❹

写作这件事真的很治愈，很多痛苦都是因为写作而被疗愈。我想起自己也是这样，每当生活遇到了困难，文学是我最后的出口。那一行行句子、一个个字，看似是生活的叙述，其实是救命的稻草。写作是面对自己的灵魂，能帮助自己找到回家的路。这也是我办那个写作大赛的原因。

大刘写了好几个晚上,终于在给我交稿的时候打电话说了这个故事。

他说他为了写这个故事——让叶子得以永存,他又回了趟哈尔滨,他站在墓碑前,闭上眼睛,深深地吸了一口气,然后缓缓地呼出,那雾气吹到了墓碑上,结了冰。他对着墓碑说:"叶子你知道吗?今天,我认识你的日子和我失去你的日子相等了。"

那一刻他的眼角湿了,他又说:"往后,我失去你的日子就要更多了。"

他的眼泪夺眶而出:"但我不会忘记你,不会忘记我们共同度过的时光。我会把你的故事写下来,让更多人知道你,记住你,记住你的美好,你的坚强,你的一切。"

那天是2021年2月13日,离车祸发生,刚好三年。

在那个寒冷的冬日,大刘再次敲响了叶子家的门。他带着一束鲜花和一些水果,想要向叶子的父母表达自己的安慰和问候,他寒暄了几句,还是没有说自己要写叶子的故事,他不知道写下来是对死者的尊重还是僭越。临走前,叶子的父母把他送到门口,这时,叶子的父亲开口说:"孩子……叶子走了三年,你也应该走出来了。"

大刘还没来得及回复,叶子的母亲说:"你也找一个对象吧,我们也不想看到你这么痛苦。"她的声音里满是关切与温柔,仿佛是冬日里的一缕阳光。

说完她递过来一个日记本,这是叶子高中时写的,说:"这个给你留个念想吧。"

回家的路上,大刘翻开这本日记,看得泪如雨下。因为日记里写的,都是关于他,他终于知道,叶子也一直喜欢着他。日记里记录着那些未曾说出口的情愫和默默的关注,在字里行间,他看到了叶子对他的深情,那些未曾表白的喜欢,如今,如同春风拂面,温暖又明亮。

到北京后,他坐了辆公交车。在车上,他打开了电脑,开始最后的定稿,大刘的手指在键盘上跳跃,每一次按键都像是在弹奏一首悲伤的挽歌。忽然,他的手停在了半空,眼神穿过窗外的车水马龙,似乎在寻找着远方的某个点。他深吸一口气,拿起手机,指尖微微颤抖着拨出了号码,他打电话给我说:"龙哥,我把故事交给你吧。"

我当然知道他为什么不愿自己写,因为那段感情太美了,需要一个更擅长用文字表达的人来讲述。

后来,他在我的工作室里,对我说:"帮我出版出来,让更多人知道叶子好吗?"

"这篇文章叫《永恒的叶子》?"

"好啊。永恒,永恒好。"

他笑得很灿烂,像是回到了高中。

后来,我写完后,把这个故事发给了大刘。在大刘的要求下,我还是把他们的名字隐去了。大刘说:"不用强调我们的名字,我们只是普通人,我只是希望,通过这个故事,叶子的笑容能够像春风一样,温暖每一个读过它的人。"

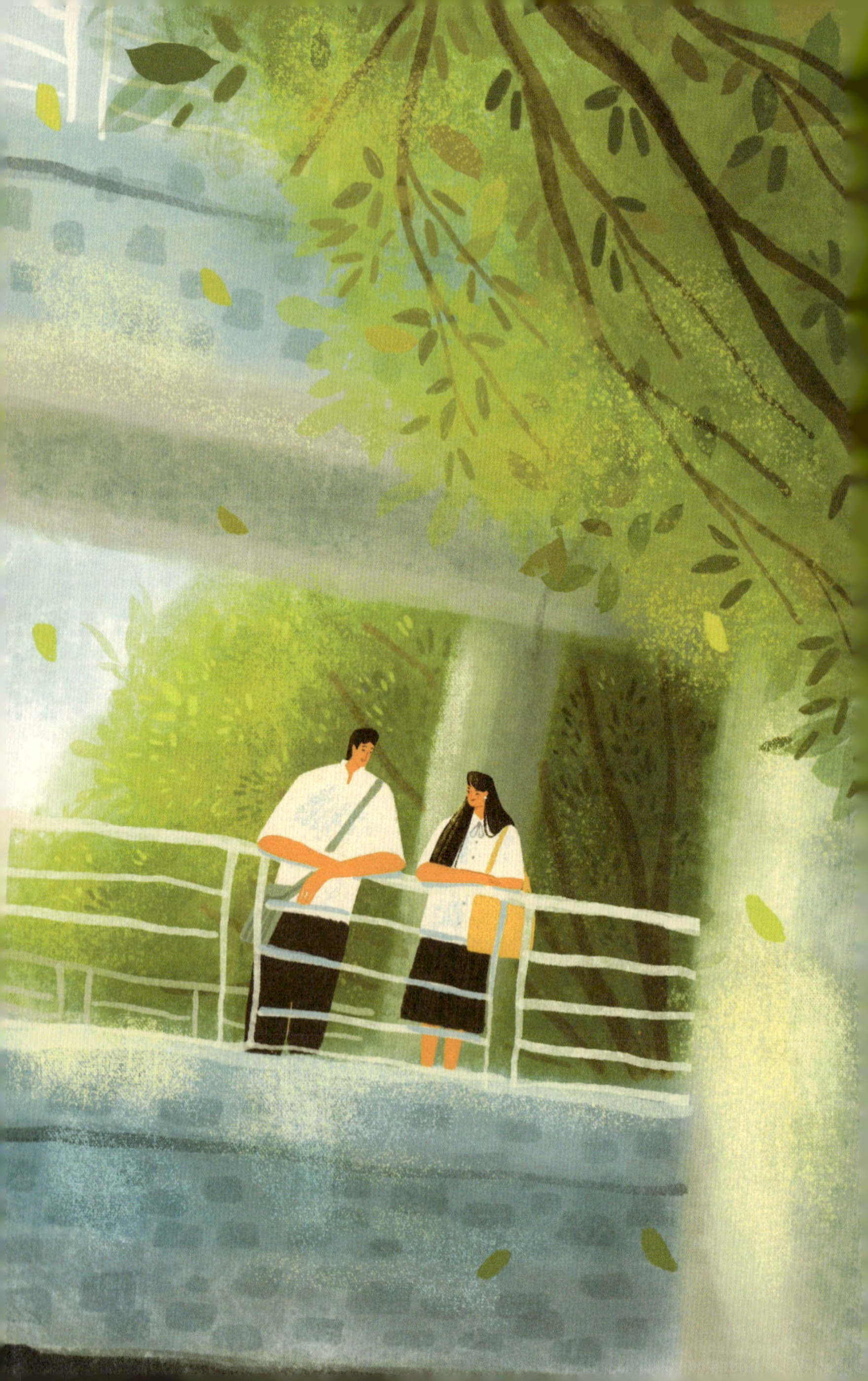

爱哭的大伯

❶

在我的印象里，大伯拉得一手好二胡，他会用二胡拉《小燕子》《丢手绢》和《种瓜》，不仅是二胡，似乎所有的乐器他都会：钢琴、笛子、小号、小提琴、木琴、吉他、萨克斯、古筝……

除了是音乐上的全才，我还有个印象，就是大伯特别喜欢哭，只要讲到自己年轻时发生的事情，他就哭，一哭就停不下来。

音乐和眼泪好像是一对密不可分的兄弟，一个爱音乐的人，总会多愁善感。

大伯的才华让全村的人都认识了他，他的爱哭让全村人都记得住他。

大伯特别爱说话，一说起来就滔滔不绝，一说起过去的事情就更加停不住。

那年，我和姐姐放暑假，爸妈忙于工作，把我们"寄存"在大伯家，大伯教我们吹笛子，教我们背古诗，还辅导我们做暑假作业。

那年我才上小学三年级，不到十岁，那青涩的记忆，如同花蕾，带着一丝芬芳，悄然绽放在炎炎夏日的汗水与欢笑里。第一次留在大伯家，我和姐姐都很担心：万一没好吃的、万一睡得不好、万一大伯对我们不好怎么办？

但我们想多了。第一天，我们中午睡完觉，大伯过来辅导我们做作业，没做几道题大伯就告诉我们，这些题未来也没什么意义，说完，他就带我们去江边散步，并说，好的身体才是第一位的。

大伯家离长江边不远，我们吹着江风，闻着江水的味道，感觉过了没多久，天就快黑了。大伯骑着车带着我姐姐，对我说："你可以试试跑回家。"这是我第一次从江边跑回家，一路上大概三千米，我跑得一点也不费劲，我仿佛变成了一匹脱缰的野马，踏着心跳的节奏，仿佛整个世界都在为我让路。

我大汗淋漓跑回家的路上，大伯逢人就说："这是我侄子，他不到十岁，跑回来的，你看看多厉害。"

回到家，他拿出两根冰棍，给姐姐一根，我一根。大伯为了奖励我，又给我拿了一根，我两根，姐姐一根，气得姐姐说下次她也要跑回来。但是，她从来没跑回来过。冰棍放在碗里，冒着白气，像是热水在冒烟，我儿时的确没怎么吃过冰棍，爸妈说吃冰棍对身体不好，但我就是喜欢。这是人生第一次，可以一口气吃两根冰棍。

我问大伯这是什么牌子的冰棍，真好吃。

他说这是信阳产的。

我一边狼吞虎咽，一边想起大伯和爸爸是一个地方的人，于是突然问了一句："您当年为什么从信阳来到武汉啊？"

他愣住了，仿佛时间停止了，然后他开始流眼泪，泪水无声地滑落。那是我第一次看到他哭，他哭到雾气铺满了眼镜。我想，接下来可能要听到一个故事。

"你别逮到谁都说你那点烂事，龙龙、晶晶这么小，听得懂吗？"大伯妈从厨房里走出来，没好气地说。

大伯擦干眼泪，对我说："快吃。"说完就站起来，抹着眼泪走了。

大伯妈是个很能干的农村女人，每顿饭都做得很好吃，她知道我爱吃红烧肉，几乎每天都给我做。但大伯到底想说什么，我们不曾知道，大伯不说，大伯妈不让说，我们也就不问了。

总之，那个夏日里，我每次从江边回来总能吃上冰棍，有时候甚至是两根。

我吃得美滋滋的，有时候看着姐姐嫉妒的眼神，我会把吃完的棍子给她，气她，但是无论如何，第二天她还是不会从江边跑回来。大伯自行车后面的位置，仿佛是她的专座，上去就下不来了。

❷

那个暑假过得很慢，如同一首漫长的诗，午后的阳光既慵懒又明亮，照到身上就想睡觉。中午睡完觉，大伯就带我们做作业，做完作业就带我们去江边散步。我总是从江边跑回来，大伯骑着自行车，后面驮着我姐。我在前面跑，大伯在后面蹬，一路上，大伯逢人就说："这是我侄子，从江边跑回来的。"

那时的日子就像是夏天的蝉，一叫起来就不停了。只有到夜深人静的时候，我才会安静地感受到一天结束了。

大伯有两个女儿，她们的房间里有个电视，那是我每天都期待的。每到晚上，我和姐姐就和她们一起打开电视，看《康熙来了》，看《流星花园》，看湖南卫视，看凤凰台。

等我看累了，或者姐姐们看累了，就睡觉了，然后等到第二天起来继续一样的生活。

那天不知怎么了，我和姐姐的午觉就是睡不着，我们听到外面好像有争吵声，于是蹑手蹑脚地跑了出去，一探究竟。我从门缝里看到那一幕时，傻了：大伯跪在地上，大伯妈站在一旁，两个姐姐也在抹眼泪。

那个画面仿佛定格在了我的脑海里，后来我又见到了好几次这样的情形，直到长大后我才知道大伯的情绪一直不稳定，至于为什么不稳定，还要从头开始讲。

直到我落笔前，我还在和父亲聊，我说："如果用两个词形容大伯，您觉得会是什么？"父亲愣住了，过了很久才说："才华和苦命吧。"

我点点头,坐在电脑旁,思绪把我拉到过去。

大伯是1940年生人,从小对音乐感兴趣,并展现出超强的天赋。他在厂里自学了很多乐器,风头正盛,那时音乐一响,他一出场,全厂的人都认识,每次厂里的文艺汇演都是他当导演,还能献曲,大伯又是单身,厂里不少的女生都喜欢他。

大伯选择了一个他也很喜欢的女人,很遗憾,我没有这个女人太多信息,但这个女人太重要了。因为这个跟我大伯恋爱的女人,其实已经结婚了,嫁给了一个军人,但丈夫常年在外。

大伯在不知情的情况下,和那个女人确定了恋爱关系。随着两人感情的深入,大伯发现女人已婚的事实,但此时他已经深陷其中无法自拔。在一次次的纠缠中,他们俩的事情被厂里的人发现,那时的社会就是这样,一个人知道,全厂都知道了。然后,女人的丈夫也得知了,他感到极大的羞辱和愤怒,向法院提起诉讼。

那年是1966年,政治运动的浪潮席卷全国,影响了每一个层面的社会生活,也就是在这个年份里,大伯被逮捕。

逮捕的依据是1950年颁布的《中华人民共和国婚姻法》,其中明确规定了婚姻自由、一夫一妻、男女平等的原则。同时,该法律也对破坏婚姻家庭的行为进行了规制。在那个时代，破坏军婚被视为严重的社会问题和违法行为，大伯被判了三年。

3

铁窗之后，是三年的漫长黑夜。

每一天，大伯都在愤怒与绝望的边缘挣扎。墙壁上的裂痕，如同他心中深深的伤痕，无法愈合。夜晚，冰冷的水泥地上，他蜷缩成一团，每一次呼吸都像是在吞噬痛苦的火焰。

大伯跟我说过一次他当时的心境，但我记不太清楚了，只记得他说过"希望"。

我想，他也曾经充满希望，如今只剩下燃烧的怒火；我猜，他用力敲打着铁栏，每一次撞击都是对命运的抗议，每一声回响都是对自由的渴望；我懂，这个世界仿佛听不见他的声音，只有回荡在牢房里的回声，像是在嘲笑他的无力。

我想，他恨命运的不公，恨自己的无知。我猜，他曾经以为爱情是自由的，却没想到，爱情也会成为囚笼。他的爱，变成了罪，他的梦，碎成了尘。在这狭小的空间里，他的灵魂被撕裂，他的意志被磨灭。我懂，即使在痛苦的深渊中，他仍然拒绝屈服。他咬紧牙关，告诉自己，这一切都将过去。他要活下去，要熬到那个破晓的时刻。他的内心，像一只困兽，怒吼着，等待着挣脱枷锁的那一天。

三年后，大伯出狱，世界变了，信阳的厂子里贴的全部是大字报。他回到家，才明白这三年中社会大变样了，经历了动荡和混乱，虽然社会秩序在一定程度上得到了恢复，但社会管理依然严格，对个人行为的限制仍然存在。

爷爷被迫跟大伯划清界限，大伯认识的很多人也都被迫和他划清界限。由于曾被判刑，大伯发现自己在社会上受到歧视和排斥。他的犯罪记录深深地影响了他的就业机会和社会地位，使他难以融入正常的社会生活。

没有单位要他。他开始借酒浇愁。大伯有个朋友看不下去他的颓废，给他介绍了一个女人：一个长得普通，但很能干的武汉人。她在农村长大，户口在武汉。两人后来结了婚，这人就是我的大伯妈。他们离开信阳，去了武汉。

在武汉，他们生了两个孩子，就是我的两个姐姐。

那段往事对大伯来说，是难忘的，甚至是绝望的，后来他再也没见到厂里的那个女人，大伯说是爱情害了他一生。我想，或者谁也没害谁，只是命而已吧！

大伯在家里办了培训班，教孩子学乐器，赚点钱补贴家用。

他的性格孤僻，多愁善感。我每次见到大伯，他对我又是亲又是抱，嘴巴里有浓浓的烟味和昨天没消化的白酒味道。我记得每次我们分别时，他都会哭。

在写这个故事时，我才意识到，那三年，成了他生命里被发配边疆时脸上刺的字，日子结束了，但那字还在脸上。

在狱中度过了三年的艰难岁月，他从一个开朗、开心的人，变得性格孤僻、情绪不稳，难以与家人建立和谐的关系。他时常沉浸在过去的回忆中，这种家庭氛围让他的两个女儿从小就感受到家庭关系的紧张和不和谐，我们见到的那一幕下跪场景，其实是她们的家常便饭，这样的家庭状况，也影响了她们对婚姻和家庭的看法。

还记得大伯家的一个姐姐说过："我这辈子肯定不结婚不生孩子。"

我问："为什么？"

她说："我不想让下一代经历我经历的这些。"

后来我和姐姐从大伯家回到了自己家，又过了一段日子，我听爸爸说，大伯家的两个姐姐都考上了大学，也都找了男朋友，但是都没结婚。

❹

再次听说大伯消息的时候，他已经得了癌症，晚期，生命进入倒计时了。

他一开始觉得肚子疼没有太在意，后来开始便血，他也以为过两天就能好，再之后，他开始喝酒麻痹自己。

直到他开始持续便血，体重直线下降，他才意识到要去医院检查一下。

这一检查，发现已经是晚期了——直肠癌。

直肠癌晚期患者的五年生存率大约在百分之十。这意味着在一百名直肠癌晚期患者中，可能有十个左右能够存活超过五年。

大伯坚持做了几次手术，可最后癌细胞还是转移到全身了。

爸爸再次带我和姐姐去大伯家的时候，很隐晦地说："大伯病了，咱们去看看。"

我再一次见到大伯的时候，看见他的淋巴鼓了一个大包，走起路来那个大包摇摇晃晃的。我用手摸他脖子上硬硬的东西，感到心里酸酸的。那时我还不知道是癌症的转移，还以为是肿了。我问大伯："这个肿块什么时候能消下去啊？我还是喜欢帅帅的大伯。"我说这话的时候，一屋子的人正在吃饭，大伯突然当众哭了，哭得稀里哗啦。

这回大伯妈没有让大伯别说了，但大伯还是什么也没说。他开始变得不爱说话了。

后来我读到鲁迅笔下的祥林嫂的时候才知道，当一个很爱说话的人突然不说话了，是因为他知道说话没用了，也没人在意了。

中午吃完饭，爸妈带我们回家，上公交车之前，我跟大伯说："我和姐姐接下来要上武汉市很好的中学了，我们会好好加油的，您也要早日康复。"

大伯说："你们好好加油，大伯也好好加油，和病魔做斗争。"

上公交车后，我回头看了好几眼大伯，直到车开了起来。

我突然发现，大伯在后面追着公交车，他一边追，一边招手，一边抹眼泪。我不记得我看过多少次大伯哭，每次他都是泪流满面，但我何曾想到，这竟是最后一次。

我再见到大伯的时候，是在武汉市的一片墓地。我缓步走向那块刻有大伯名字的石碑，每一步仿佛都踏在了回忆的轨迹上。我献上了一束花。

5

我之所以想写这个故事，是因为突然有一天，我知道了一个消息：大伯家的两个姐姐都当妈妈了。我问爸爸："她们什么时候结的婚？"

爸爸说，她们一个在大伯去世前结的婚，一个在大伯去世后结的婚。

我笑了笑说："她们想明白了？"

爸爸说："可能也不想把这种悲伤的情绪延续下去了吧。"

后来我在又见到大伯家的一位姐姐时,开玩笑说:"你不是说不结婚、不生孩子吗?"

姐姐装模作样地说:"这还不是为了顺应时代潮流,响应国家号召吗?"

我说:"那你生三胎呗。"

她说:"一个都够我累的。"

那是个家庭聚餐,大伯妈和两个姐姐都来了,大伯妈见到我,抱了抱我,问道:"还想吃伯妈做的红烧肉吗?"

我说:"您什么时候做,我什么时候想吃。"

后来,我在吃饭时看到爸爸哭了。

他说:"大哥,在那边保佑我们。"

爸爸哭的时候,我想起了那些有冰棍吃的下午。那时我刚从长江边跑回大伯的家。夏天的蝉在大声歌唱,江边的风在拼命舞蹈,而我在疯狂地长大。可惜时间不能停留在那时,因为时间从来不会停留。但大伯,这个故事,让很多人为你停留了。愿你在天堂好好的,希望天堂里没有眼泪。

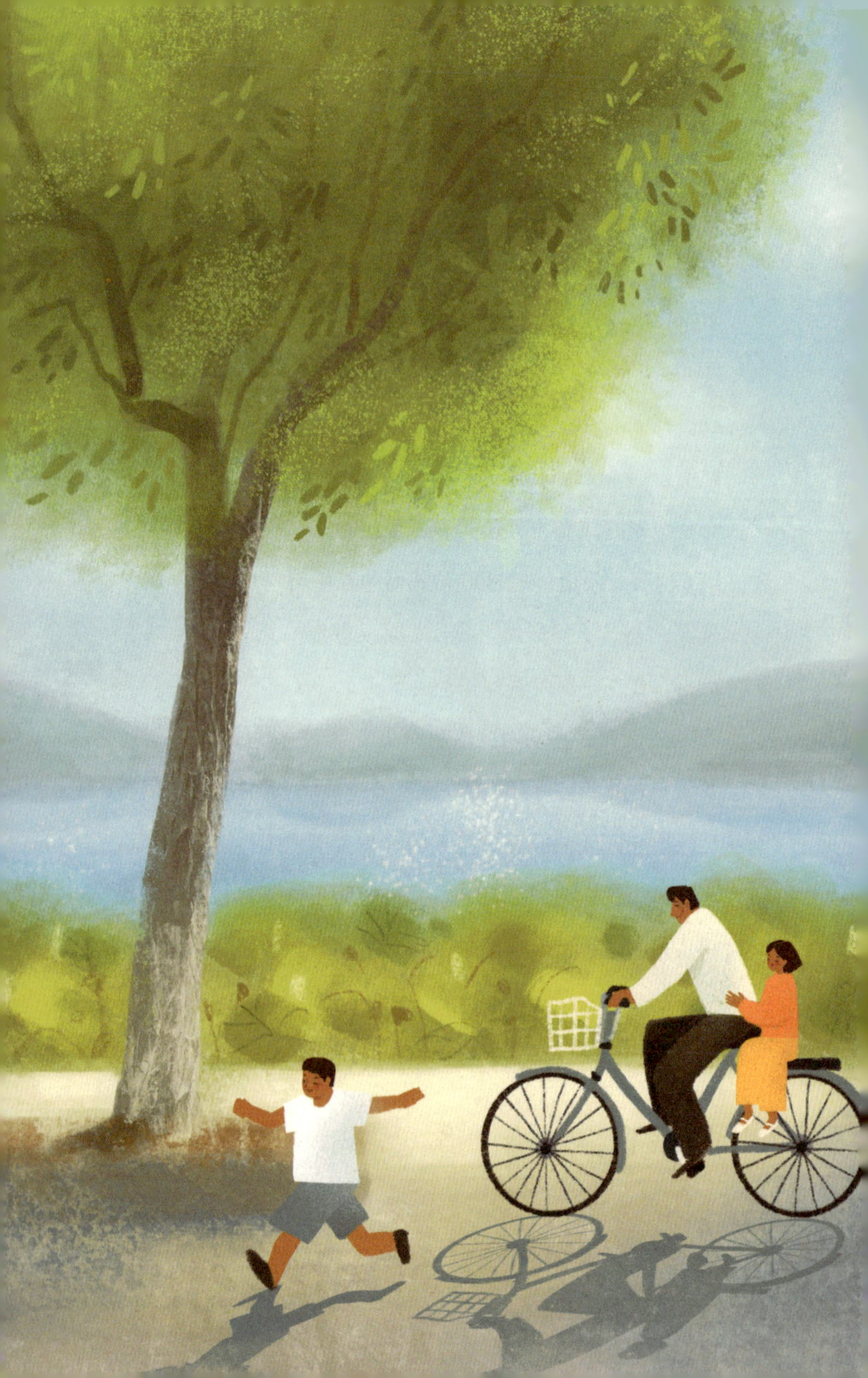

再生

❶

北京的早春时节,城市悄悄地从冬日的沉睡中苏醒,万物重生,一片生机勃勃的样子。

这些年,我总会在初春的时候,对着我家楼下的那棵柳树发呆,看着它每一天都是一个新样子,那树上的嫩芽轻轻舒展,努力挣脱束缚,想要长出一片绿色。

那时寒风还在空气中徘徊,人们穿着短袖还会发抖,但这棵垂柳已经生机盎然,它的枝条轻轻摇曳,仿佛在轻声细语,诉说着春天的到来。这样的日子会持续一段时间,突然有一天一觉起来，我发现这棵柳树绿了，绿得如此彻底，和春天融为一体。

我为什么会这么在乎这棵柳树？是因为每到冬天，我都会为它捏一把汗：这么冷的天，它还能不能看到第二年的春天？但无论那冬天多么寒冷，第二年它还是如期长出绿芽。

我曾看见雪压垮了它的枝干，我心想，春天的时候，这棵树可能没办法变得翠绿了。

但我错了，来年春天，这棵树依然能够迎来新生，嫩绿的柳叶就是生命的最好证明。它的复苏，就像是大自然给予的希望和启示。无论冬日的寒冷多么刺骨，春天都会如约而至。这或许就是生命的奥秘，也是对人的启示，这也是我想写小娜的原因。她就像这棵柳树，虽千疮百孔，但总能焕发新枝。生命哪怕一片混沌，也总有能看到光的瞬间。

2

北京的这个春天，对小娜来说，是一个新的开始。一年前，她在美国遇见了那个男人——一个外表上看似温和，却带给了她深刻教训的人。

小娜喜欢画画，也喜欢看画展，于是她每去一个地方都会去看当地的画展。有一次，她在洛杉矶旅游的时候，刚好有一场画展。在洛杉矶的心脏区域，有一个被当地艺术爱好者深深喜爱的地方——洛杉矶现代艺术博物馆，那里正在举行几个艺术家的联名画展。

小娜和这个男人，就是在这个画展上认识的。

春日的洛杉矶，阳光透过透明的玻璃幕墙，轻轻洒在博物馆宽敞的大厅里，与内部的灯光相互辉映，创造出一种温馨而明亮的氛围。这氛围暧昧温暖，给人一种恋爱的感觉。

博物馆正在举办一个特别的展览，名为"再生：自然与抽象的对话"，汇集了来自世界各地艺术家的作品，用来探讨自然界的复杂美以及抽象艺术的无限可能。展览空间被巧妙地设计成几个连续的区域，每个区域都仿佛是一个独立的小世界，引导观众步入艺术家的视角，感受他们对自然的理解和表达。

而小娜因为刚刚失业，正想有一场"再生"。于是，她走进了这个被轻柔灯光照亮的展厅，这里展出的作品以植物为表现元素，艺术家们用不同的手法和材料捕捉到植物展现生命力的瞬间。其中一幅巨大的画作吸引了她的注意,画中是一片野花正在盛开的草原,色彩鲜艳,生机勃勃,野花在画布上自由地伸展,在向观众展示春天的活力和生命的复苏。

小娜独自一人站在这幅画前,她感觉自己仿佛化身画中的野花,在生命的每一个春天里重新焕发生机。她被画中所展现的生命力深深吸引,久久停留,沉浸在那份温暖而美好的意境中。

"你也喜欢这幅画?"一位男士用中文说。

"是啊。"小娜转头看了看男士。

"那你也喜欢梵高了?"

"怎么说?"

"他画的向日葵也有这种精神。"男士仿佛偷窥到了小娜的内心。

"是吗?这么说,那我应该也喜欢。"

"这个画家一会儿会有一个私人讲解,我刚好有两张票,一起去看?"男人说。

小娜点点头。两人看完画展,男人约小娜吃饭,小娜拒绝了,她说晚上还有事。

"那留个电话吧?"

"我只说一遍,你要记住了,就给你。"

小娜报了一遍电话号码,转身走了。

谁知道,晚上她的电话就响了。第二天,两人一起吃饭时,小娜了解到这男人是在美国做访问学者,半年后才能回国。为了他,小娜又停留了一段时间。他们继续保持着联系,频繁地通过短信、电话和社交媒体互动。

逐渐地,他们开始分享日常生活的点点滴滴,每天互道早安、晚安,分享每天遇到的事情。再之后,他们一起参加艺术画廊开幕、音乐会,甚至一起参加绘画课和陶瓷课,两个人学着电影《人鬼情未了》里男女主人公一起捏泥巴的情节,捏了一个丑丑的陶瓷。

小娜在洛杉矶的日子,几乎没什么事,除了等他下课,就是跟国内的朋友打打电话。直到有一天,她去一个她一直想去的一位艺术家的特别展览,很不巧,没票了。她告诉了男人,结果这个男人在第二天送了她一本这位艺术家的画册。

那天,他们在一起了。

这是个多么美好的邂逅故事。但生活并不是童话,生活的重量是能压垮人的。

这重量,从那时开始压垮小娜。

3

小娜先回的国,他们开始了异地恋,思念和通话最初还能抵抗着距离。

每天,他们通过电话和网络保持着紧密的联系,分享着彼此的日常和心情。小娜早晨醒来的第一件事就是查看对方的消息,晚上睡前,两人则是互道晚安,小娜说她能收到两个晚安和两个早安。尽管时差让他们不能总是即时回复对方,但每一条信息都充满着爱,这份爱成了他们之间不可或缺的情感纽带。

周末,他们会通过视频聊天,让相隔千里的距离变得近在咫尺。他们会一起在线看电影、同时听音乐,甚至尝试一起在线烹饪。虽然不能亲自相伴,但这样的共享时刻让他们感觉彼此就在身边。

不过,生活的两面总是能让一切明了,异地恋虽然多了一些思念,但异地恋的状态也自然让两人产生了距离和隔阂。

随着时间的流逝,男人终于回到了北京,小娜满心欢喜地以为他们可以开始共同规划未来,享受彼此陪伴的每一刻。但从他回北京的第一刻起,她就意识到不对劲,小娜想要去机场接他，他说："不用，有人来。"

她想第一时间见到他，却等了一周多。她发现男人变了，在美国一个样，回国一个样。

他变得疏远和忙碌。小娜发现给他打电话他从不第一时间接听，她还察觉到他在避免视频通话，并且特定时间段不回复信息，这一下子引起她的怀疑。

他好几次告诉她晚上十点之后他不能接电话，要开会，小娜开玩笑地说："十点开会，开的什么会？夜总会吗？"

但她还是选择相信这个男朋友，他们还是偶尔一起出去玩，有时候逛逛北京，有时候去京外郊区，但男人都是只待两天就离开，仿佛有重要的事情在等他。

直到有一天，男人在借用她的电脑时，终于露出了马脚。她在男人的一个忘记退出的电子邮件账户中，发现了一封邮件，是他的简历，里面有一张他的家庭照片，他和他老婆还有一个幸福的孩子。

小娜先是崩溃，然后开始质疑，她不想让两个人之间有误解，于是她主动找到男人询问，但男人解释，没告诉她很抱歉，这是很久以前的事情，现在两人已经离婚了，孩子归妈妈抚养，自己现在是单身。

小娜相信了。

但她的心开始被疑虑和不安填满,她想要找出问题的根源,但又害怕这一切的真相可能会伤害到自己。

她只能选择相信,要不然她会很痛苦。

小娜维持着这种有一搭没一搭的恋爱关系,直到有一天,有位很久没见的朋友问她:"你是不是当小三了?"她才如梦方醒。

原来男人没有离婚,他的老婆查到了他们的聊天记录,找到了小娜的微博,把所有关注她的粉丝都私信一遍:"你知道你朋友是小三吗?"然后把她老公和小娜的聊天记录发给这些人。

一开始小娜不相信这是真的,直到她朋友给她看微博聊天记录。

男人妻子的话语充满了愤怒和绝望,她指责小娜破坏别人的家庭。小娜无比愧疚和自责,因为她从未想过要成为破坏他人家庭的那个人。她回想起与男人的所有交往,自己从未怀疑过他的身份,从未想到自己会成为别人眼中的"小三"。这种情况让她痛苦不已,她开始质疑自己的判断力,质疑那些美好回忆的真实性。

那一刻她崩溃了,她鼓足勇气,决定找男人对质。结果,她联系不上男人了，那人电话不接、短信不回。

情感崩溃的过程有自己的规律，从失落到愤怒，最后到羞愧。

她最后一次间接联系到男人，是通过他的好朋友，她问那个朋友："我怎么才能联系上他？"

朋友打通了男人的电话，得到回复后便支支吾吾地对小娜说："小娜，我问了，他说别联系了。"又说："他不会再见你了，你也忘了他吧。"

4

这件事过后，小娜去找心理医生，医生让她把情感用写作、绘画等方式表达出来，只要表达出来，就有可能治愈自己。

医生告诉小娜，让自己完全感受到失落、愤怒、悲伤和被背叛是治愈过程的第一步。这些感受可以通过写日记、绘画、向信任的朋友或家人倾诉等方式表达出来。小娜虽擅长绘画，但她不敢画画，她一画画就想起看画展认识的那个男人，这让她痛苦不堪。仿佛把最美的东西和最丑的东西叠在了一起。

那段日子，她痛到骨髓里，每天都在睡梦中惊醒。她不再发朋友圈了，也不和人联系了。有人说这叫社交隐退，只有她知道，那是因为痛。

后来，小娜认识的一位医生鼓励小娜不要强迫自己做感到不适的事情，可以尝试用其他方式来表达自己的情感，比如用音乐、写作或是与人交流的方式。她很幸运，认识了一位好医生，医生建议小娜慢慢尝试面对自己的恐惧，不需要从大幅作品开始画，可以先从一些简单的线条和形状画起，慢慢地让自己习惯并接受这种表达方式。

小娜遵循医生的建议，开始尝试用不同的方式来治愈自己的心灵。虽然过程充满了痛苦，但她也在这个过程中逐渐学会了如何面对和接纳自己的情感。能接纳自己，是成年人最重要的能力之一。

几个月后，小娜发现，虽然一些伤痛可能永远无法完全愈合，但她已经学会了如何与这些伤痛和平共处，找到了继续前行的勇气和力量。

我在采访她的时候，问她这是一种什么样的痛苦？

她说："就是对曾经喜欢的一切都提不起兴趣，工作状态也一塌糊涂,过去的点点滴滴像匕首一样,插进自己心脏,还转了一圈。"

我又问:"如果你还能再遇到他一次,你会问什么?"

她说:"我想问那男人,你到底爱过我没?我到底算什么?我想他也可能是真的爱过我。"小娜又说,"但那其实也不重要了。"

我在写小说或剧本的时候,经常去平台开会,平台的朋友总会问我一些问题:"这两个人为什么相爱?"或者,"她为什么会突然不爱他了?"又或者,"她是怎么走出来的?"

有时我回答不上来,有些事情就是没有理由,就像小娜突然走出来的时候那样。那时我们吃了一顿饭,我又一次不合时宜地提了那个人的名字,她笑了笑说:"我突然发现,我对那个男的没感觉了。"

5

走出最深的阴影后,小娜重拾对生活的热爱。她自嘲自己还没结婚就成了小三,经常把这段经历当玩笑。渐渐地,她重新拿起了画笔,虽然开始时仍旧感到恐惧和不安,但她不再逃避。她让画笔在纸上自由地舞动,不再局限于特定的形状或图案。我见过她那段时间画的画,画布上的每一笔都是她情感的流露,每一幅画作都是她内心世界的映射。

终于,绘画再次成为她表达自我的方式,而这一次,这段经历带有更多的意义和情感的深度。她还卖出过一幅画,以三千块的价格卖给了一位老板。小娜也开始写作,她想让自己的文字充满对生活的反思和对未来的希望。她开始在微博和小红书上分享自己的故事,希望能够帮助那些经历过类似困境的人。

她的文字诚实而感人,吸引了许多读者的关注和共鸣。她的账号已经快有一万粉丝了,粉丝们一开始安慰她走出来,到后来问她自己遇到情感困惑该怎么办。

我在采访她的时候,问了她一个我特别想问的问题:"有没有一瞬间,你释然了?"

她说:"尚龙,我跟你说,那是一个宁静的夜晚,我独自散步时,抬头仰望满天的星星。突然间,夜空的宁静和广阔让我的心灵获得前所未有的平静。我意识到,生活真美好啊,还有很多美好等着我去探索和体验。"

我说:"假的吧?"

"你知道假的还问。你一个作家还不知道人不会瞬间改变吗?改变是需要时间的事情,是慢慢发生的。就像走出痛苦一样,是要慢慢来的,时间会帮你走出来。对我来说,没有释然的瞬间,就是慢慢不爱了。"

她还说:"有一天整理旧物,我找到了那个男人送的那本画册。"

"你给烧了?"我问。

她说:"没。"当她发现自己可以平静地回忆起过去,甚至能够微笑地面对并感激这段经历带给她的成长时,她知道自己放下执念了。她决定把这东西捐出去,象征着自己彻底地放下了过去。

接着,她换了个城市,到深圳重新开始。

再次见到她的时候,她对我说:"尚龙,我写了几十万字的情感的苦痛,你帮我看看。给我找找出版社,我觉得出版后肯定能火。"

就在我写这个故事的时候,小娜写的故事确实被一家出版公司签了。

书名她都想好了,叫:《原来世界上不止有爱情》。

在最后一次采访快要结束时,我还追问了她一个问题:"你想过如果有一天能见到他,我是说如果,你会说什么?"

她故作深沉,沉思很久,然后突然比画了一个下劈手势,说:"我会说,渣男,看刀。"

我说:"为什么?"

她说:"这是我最新写的武侠小说的片段。"说完她就哈哈大笑了起来。

再后来,我偶然在798的一个画展的墙上看到了小娜画的那幅画,画面中一棵垂柳伫立在初春的微风中,它的枝条柔软而坚韧,仿佛在向过往的行人诉说着一个关于坚持与希望的故事。柳树的根深扎在褐色的土地里。而今,冰雪已经消融,取而代之的是一片片嫩绿的小草,它们在柳树的庇护下,勇敢地探出头来,迎接着新生。在这棵垂柳的枝头上,一只蝴蝶正振翅欲飞。

那幅画的名字,叫《再生》。

又一个春天来了,楼下柳树又要变绿了。万物再生。

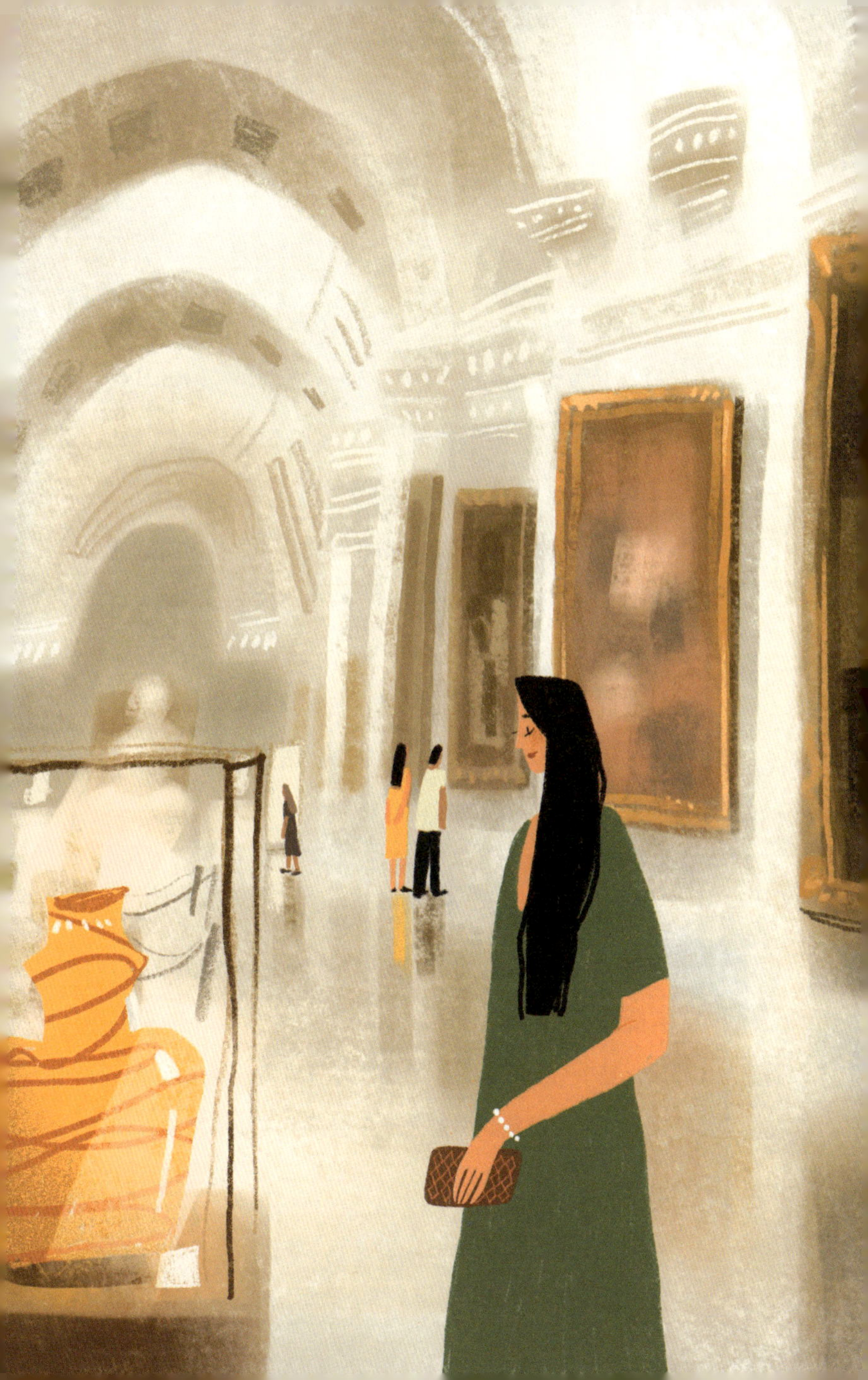

风筝的断线

多年以后,当我再次和老张站在黄浦江边,望着灯火通明的上海滩时,我总会想起那个夜晚——老李的公司刚刚上市后的那个夜晚。

我还想起某个万里无云的早晨,我看到老李像孩子一样挥舞着手中的风筝线。风筝飞得越来越高,阳光打在风筝色彩鲜艳的蒙面上,他的笑容被映衬得愈发明亮。

"你看,只要风够大,它就能一直飞下去。"老李得意地说。

老张在旁边抽着烟,没说话,只是抬头望着那条细细的线,若有所思地叹了口气。

那时,整个行业因为资本的加持意气风发,就像这只高高飞起的风筝,谁也没想到那条线最终会断掉,而那风筝不知会飘向何方。

那是一个喧嚣到令人窒息的夜晚。

我第一次被老张带进了一个大会所,在场的四个人分别是老张、老李、老刘还有我——请允许我就用这些简称代替吧,我不想写出他们真实的名字,原因有二:第一,我想专注地讲这个故事,想知道是谁的,仔细一查便知;第二,当你看完之后,或许也会明白,你根本无须知道他们的名字,他们只是一些符号,是一些分子,在这个喧嚣的时代,在这个浪潮迭代、潮起潮落的世界里,无论他们身价多少,都只是资本和时代的某个代号。

那天我们四个人喝了一点酒,走出包房会所,俯瞰这座城市的霓虹。那时,谁也不信五年后老李的公司会在资本的榨取下退市,他的家产会被冻结,他本人会被迫低头向债权人讨价还价;谁也不会料到老刘会因为这个行业的崩塌,失去了曾经的风光,郁郁而终;更没有人想到老张这个总喜欢冷眼旁观的人,这个当时所有人都称他为小张的人,会在一轮又一轮的焦虑和拼搏中艰难地生存下来。也没有人会想到他会成为最后一个站在行业废墟上的人,更没有人知道他在废墟上还会站多久。

当然，也没有人想到此时我正在书写这个故事。当我对着电脑打字的时候，感觉这些人仿佛正与我渐行渐远，远到这个故事像是我上辈子经历的一样。

如今，我在北美的一个海边，总能想起这些人的脸，他们像是那个时代的过客，像是大风刮过时的一片片叶子，更像是我面前大海里的一滴滴水珠。我希望尽己所能地记录下来，让这个故事能有一个归宿，让时代的浪潮留下印迹。

我是个旁观者，更准确来说，我是一个用文字善后的人，我想把这个故事写下来。

那天晚上，我们一瓶接一瓶地喝着酒，直到最后一瓶酒喝完。当他们一个个喝到断片后，我把他们从酒桌拖了下来，送回酒店。

那天晚上的热闹，是一切的起点，也是故事的开端。

1

当时的会所大厅里挤满了人，而我们所在的这个小包间，空气中夹杂着香槟的气泡味和雪茄的浓烈气息。

老张说他要跟老李谈一个重要的合作,但老李在饭局上几乎没有聊任何合作,只是不停地喝着,边喝边大声喊:"兄弟们,哥们儿我今天公司上市了,感谢大家对我的帮助,大家尽情喝,都算我的。"

第一场,大家没喝高兴,于是老李又安排大家喝第二场,第二场喝嗨之后,老李让助理在夜店安排了第三场。听说还有其他人会过来,老李定下了一个最贵的卡座,我们几个人浩浩荡荡地转移到夜场。

我不记得什么时候起,参与饭局的人从四个突然变成了六个,再到八个。我只记得酒吧灰暗的灯光,DJ震耳欲聋的节奏。老李一边摇晃着身体,一边把酒泼洒在地上,时不时会有服务员递来一堆像纸屑一样的东西,他一边喝一边将纸屑抛洒在空中。那空中的纸屑在灯光下翩翩起舞,像是燃烧的枯叶从天而降。

老李大声喊着今天晚上他请客,谁都别省,要喝最贵的酒。就在这时,侍者在舞台中央推上了一瓶红桃A,光线在玻璃瓶上流转,仿佛这瓶酒能带来这辈子都无法忘却的高光时刻,仿佛这高光时刻会定格在那一瞬间,不会随着时光流逝而丢失。

主持人接过麦克风笑着说:"今天我们来做一场拍卖,这瓶酒的底价是一千,每次加价不能少于一千。"

老李直接抬价到一万,全场哄笑。另一个投资人调侃说,李总这是公司刚上市就准备把收入喝回去啊。老李刚准备说话,就看到不远处有一个瘦瘦的男孩突然举起牌——两万!我们这一桌的笑声一下安静了下来。

老李愣了一下,酒精的副作用让他一时还没有反应过来,他眯着眼看着男孩说:"这是谁的孩子?"老张拉了他一把,说:"管他呢,别跟孩子较劲。"

我从人群中看到了那个年轻的男孩,他穿着一件白色的衬衫,衬衫很大,使他看起来显得年纪很小,他的周围全是女孩子,每次他举牌,周围的女生都会欢呼,疯狂地尖叫和鼓掌。

老李不服输,拿起麦克风,语气平和地说:"三万。"那位男孩说四万。老李脸上挂不住,正准备说五万的时候,老张一把拿起了麦克风,大喊一声:"十万!"又说:"我看你还叫不叫。"场子里炸开了锅,掌声、笑声和哄闹声盖过了DJ的音乐。

主持人停了几秒,再三确认没有人举牌时,把这瓶酒以十万块钱的成交价卖给了我们这一桌。就这样老张花了十万，又让大家喝高兴了，又给老李挣了面子，在气场上压倒了那个男孩。

接着，这一瓶酒被"尊贵地"端到了我们的面前，伴随着DJ的音乐和无数的掌声，大家开始开心地喝着。不知道是一个作家的本能，还是我天生的敏感，我的目光一直放在那个白衬衣男孩的身上，男孩微微抬头，淡淡地笑了一下，放下酒杯。没过多久，他提了提松垮的裤子，挤出人群，离开了酒吧。

我追到门口，看到了一辆崭新的玛莎拉蒂停在街边，男孩上车后，车子便扬长而去。很可惜我没有机会看清楚他的样貌，等我再次返回夜店时，大家都喝多了，我把他们一个个地送回去，还加了好多漂亮姑娘的微信，这些漂亮的小姐姐好像以为是我付了十万块钱买了一瓶红桃A。

当然，第二天，我把这些人的微信都给删了，人总是会后悔醉酒之后做的决定，当然，比我更后悔的就是老张。

老张早上给我打了个电话，说："你嫂子问我，为什么卡里少了十万块钱？"

我说："是啊，你昨天买了一瓶红桃A，你忘了吗？"

老张说："完全不记得了，这世道真费钱。"

那之后,老张跟老李的合作达成了,而对我来说,这故事才刚刚开始。

❷

我要把故事拉回到老李身上,老李是这群老板中最会讲故事的。

很早以前,我就知道他会讲故事,他喜欢把一件很小的事说得很大。他也能把一个很小规模的事情,用资本的逻辑讲得很大。而资本最喜欢这种人。

所以,老李是我认识的唯一一个能把教育理想、社会责任和商业串在一起,并且能讲得天花乱坠的人。

虽然我跟老李见面的次数并不多,但每次跟他聊完天,我总能感受到,只要跟着他就一定能挣到钱,一定能干一次大事。

上市那天,我从别人的朋友圈照片里看着他在交易所的钟前,西装笔挺,周围的三五个人嘴角都带着得体的笑容。老李站在聚光灯下，觉得自己像是一位即将被载入历史的英雄，他拿着麦克风对着台下的员工、投资人和媒体记者们说："今天不只是我们公司上市，更是教育行业的胜利，教育是这个国家的未来，在线教育是教育的未来，而我们是在线教育的未来。"

说完这句话之后，台下掌声雷动。老李的笑容带着彻底的满足和胜利，就好像终于熬出了头，感叹这么多年的辛苦值了。

很多故事讲到公司上市就结束了，但公司上市的瞬间，故事往往才刚刚开始。

老李的公司上市后一年，便开始扩大规模，在资本的推动下，由原来的十几所分校，迅速扩展到几百家。

他说："必须要铺到全国的市场，不仅如此，还要出海。我希望每个家庭都用我们公司的产品，我是教育行业的马云，我要成为下一个俞敏洪。"这类话，老李经常在饭桌上说，但在公开场合，他一直表示这两位都是他的偶像。

我很清楚这种扩张速度下一定埋藏着很多问题，这些问题一旦暴露了，后果将是不可预估的。但是在资本的裹挟下，老李根本没有想过会发生什么。

果然，没过多久，老李公司的现金流开始吃紧，人员的管理能力严重滞后。接着是几个副手突然离职，带着资金和人直接成为他的竞争对手。许多新开的分校根本无法复制他最初所规定的那套流程，甚至很多分校刚刚开张，当地分校的校长自己先弄一间办公室，养着鱼，喝着最好的茶，但是学生的宿舍门却没有办法完全关上，大量厕所反味。孩子交了钱之后，连一顿健康的饭都吃不上，学生和家长开始要求退款。

总之，一个接一个的校区，出现了各种各样的问题，无法实现盈利。可这时的资本还在不停地加压，不断地告诉他："李总，现在规模还不够大，对不起'上市公司'这四个字。"

教育求稳，资本求快，而老李被夹在中间，痛不欲生。但既然是上市公司，就得为股东负责，所以老李为了盈利，推出了年付费课程，也就是一次性从家长手里收取一整年的学费。靠着这种方式，老李把现金流做得很漂亮，投资人满意了，股价也涨了。

于是，老李的豪车换了一辆又一辆，办公室越来越大，但是接下来的问题就是交付，他收了学员们一整年的学费，却根本没有办法去交付一整年学费的内容。每次见到他，我都觉得他又消瘦了些。他每次喝酒都喝得酩酊大醉，他说："可能这几年熬过去，后面就是滚雪球了。"每次，我都很想问他，如果这雪球散了呢？但最终，我还是没有问出口。毕竟，人在这种超快的节奏下是没有办法听进任何人的建议的。

三年后，一场政策风波袭来，一纸通知，教培行业不允许上市，年付费课程也被禁止，家长的退费像海啸一样扑向老李的公司。

资本市场的反应往往比海啸还快，有些让企业家做时间朋友的人，自己去做领导的朋友，当这场风暴到来时，那些人早已经卷款逃到新加坡。

老李的公司股价连续跌停，公司市值蒸发了90%，老李曾经光鲜亮丽的教育帝国一夜之间摇摇欲坠。

老李真的没有试过自救吗？当然不是，他四处找资本、开会、认识新朋友。他还找过我，问我有没有可能投点钱给他，还对我说："如果你投进来，这轮资金就会让我渡过难关。"

当然，我也不傻，我知道钱都留给了不缺钱的人，苦都留给了爱吃苦的人。就像那些资本，此时早已经盯上了另外一些行业，他们不会给正在衰落的行业任何机会。那些人一改当初的热情，冷漠地像谈论一盘亏损的棋局一样。有一次他忍无可忍地去问了一个投资人，这位投资人刚刚撤资，在政策出台前就大面积甩卖他们的股票。老李给他发信息说："当时你说会支持我们成长，现在公司最难的时候，你们说走就走，你们怎么能这样？"投资人没有说话，只是给他回了封邮件，说："我们是资本机构，不是慈善机构。再说了，之前我给你评估过公司的风险，你没听而已。"

后来，这个投资人写了一篇调侃自己投过的公司的文章，大意是说：我们资本都是把企业当猪养，只有企业家把企业当孩子养，所以我们的逻辑是不一样的。资本必须要帮创始人养肥企业。我看完那篇文章，真的出了一把冷汗。

最终老李的公司宣布退市，老李站在曾经高挂着 logo 的大楼前，看着工人把招牌拆下来。他接受媒体的采访，说："上市钟声这么响，结果退市的时候连个响动都没有，真讽刺啊。"

接着就是无尽的债务，压得老李喘不过气来。股东会上，资方先是提出以他个人资产去偿还融资部分，老李勃然大怒，认为这不合理，说你们资本的风险应该自己承担，凭什么要求个人补偿？投资方平静地拿出合同，条款里清晰地写着股权可以转为债权的条款。老李知道这份合同，但当时身处风口浪尖的老李，从来没有认真看过这份合同。

看到股权可以转为债权的合同条款后，那一瞬间，老李意识到，他接下来很长一段时间都会为自己当初的浮躁和浮夸而买单。

于是,老李在公司退市后,先卖了自己的豪宅,又一辆接一辆地卖掉自己的豪车,最后带着老婆和孩子住进了一间简陋的出租屋。

他以前想过把老婆跟孩子送走,但是他现在又很庆幸老婆和孩子没有离开他。他试图重新创业去找一些老朋友合作,却发现他已经成了资本眼中的弃子。现在的他被写在了失信人名单上,没有人愿意再给他机会。

直到有一次我和老张去看他,他已经瘦到脱了相,眼睛里也没有了往日的光彩。他还是喜欢喝茶,给我们泡了一壶茶,但用的是最便宜的茶叶,泡茶的动作机械又缓慢。他说自己还是在努力,想成为自己的英雄,还说:"至少让我儿子看到他父亲时不会感到丢人,他们需要我,哪怕这个时代不需要我,至少我的家人需要我。"

那天,老张和我请老李吃饭,我们准备了很好的酒,但是老李却滴酒不沾,他说他要回家陪孩子,孩子正在学习的重要阶段,他希望可以陪孩子一起成长,孩子现在是他唯一的希望了。

老李知道我是个作家,最后一次跟他见面,他的手边有一支旧钢笔,他把这支钢笔送给了我。他说当年每一份融资协议都是他拿这支钢笔签的,之所以拿这支钢笔签,而不是用电子签,是因为他觉得这代表着对于教育的尊重。

他说:"之前每次在融资协议上签字时,都觉得自己赢了。现在我才明白这支笔签的不是协议,而是我的下场。"

这支笔现在就放在我家里经常能看到的位置,虽然我从来没有用过这支笔,但是它总能给我一些启发。每次看到这支笔,我都会想起我那天临走时回头看到的老李的样子——他站在窗边,低着头看着那个空了的茶壶,像是要把它装满,却发现无水可倒。

3

让我把故事拉回到老刘身上。老刘总说自己是个脚踏实地的人,他也喜欢喝茶,喜欢安静,总说不想做虚的,不在乎什么估值资本,能踏踏实实地把学生教好就是王道。

可就这样一个低调务实的老板,最终也没有逃过时代的无情之手。

如果说老李是被资本抬得太高，摔得太重，那老刘更像是遭遇了一场悄无声息的挤压。老刘的公司没有上市，也没有过度融资，甚至有点保守，但资本是怎么把他逼上绝路的呢？

老刘从来不抢风头，他最初开了一个小培训班，然后再一步一步做大，最多的时候也不过十几家分校。每次行业会议上，老刘总是坐在角落里听着别人吹牛，如果让他说话，他总喜欢说："慢慢来，教育嘛，不着急。"

可资本涌入教育浪潮时，老刘犹豫了半天，最后也加入了，因为当竞争对手纷纷拿着融资跑马圈地，如果他还固步自封，市场就会被别人一步步吃掉。

慢慢地，他开始接受投资，接受扩张，但对各种条件非常谨慎。一开始他只拿了少数几家中型的基金，不仅要求投资方拥有相关背景，更要求对方不能干涉他的业务和教学内容，也不能要求短期回报。

但是随着他的竞争对手越做越大，老刘终于还是忍不住了。从他第一次推出速成班的时候，他就意识到自己已经偏离曾经坚定的教育初心了，但第一个速成班的推出给他带来了巨大的回报，让他挣了很多钱，于是就有了第二个、第三个速成班，接下来他又推出了保过班，推出了付费能持续五年课程的班，以及各种各样的班……直到政策的寒冬突然到来，这些班的学员要求退还学费，家长们也堵在分校门口闹着要退费，分校的场地租金和人工成本也变成了巨大的负担。

老刘试图通过资金周转来维持运转，却发现资本跑得比谁都快。一天晚上，老刘看着办公桌上的账单，手指颤抖地拨通一个投资人的电话，却听到一声机械的回复："对不起，您拨打的号码已关机。"他用力一拉桌上的电话线，线断掉的那一端滑过他的手掌，留下了一道细细的红痕。他望着窗外黑暗的夜空，喃喃自语："风筝线断了，风筝还能飞多久呢？"

夜色笼罩着这座城市，远处的霓虹灯光映在江面上，像碎开的玻璃片。

老刘曾经和一位投资人吵了起来，说当初你们让我搞速成班，现在出了问题，你们就跑。投资人也非常冷静，对他说："我们只是提建议，最终做决策的人是你自己，如果你不想继续，我们可以启动清算。"

随着退费的人越来越多，老刘开始到处筹钱，他几乎是在董事会上哀求着让大家再帮他一次，公司的现金流扛不住了，但是投资方也只能默默地摇头，因为已经帮了很多次了，再帮就不是投资，而是做慈善了。一次又一次的僵持无果后，老刘的压力越来越大了。

请恕我无能，我无法采访到老刘具体经历了什么事，我只知道找他的人越来越多，有些人甚至电话都打到了我这边，他的公司的破产清算也很快到来，所有的分校的财产被拍卖变现，老刘的个人房产和积蓄也被强制冻结。我也不知道他和投资方到底签了什么合同，只知道这轮清算将他几乎折腾得一无所有，最后连他的茶具——那套陪了他多年的紫砂壶，也被当成了公司资产拿去抵押。

我到现在还留着老刘的微信号，他的朋友圈是三天可见，朋友圈背景图就是那个他曾经最爱的紫砂壶。我总想起他拿着紫砂壶笑嘻嘻的、一副慈眉善目的样子。

后来，老刘因故去世，投资方在他去世之后，迅速退出了所有跟他有关的项目，甚至在一次会议上公开表示，老刘的公司是一个失败的案例，主要原因是他的管理能力不行。当时我特别想把说出这种话的资方代表的嘴撕烂，但从理智上来说，我知道，这也是人之常情，这是人性使然，毕竟，人性趋利。

而老刘的去世，似乎让老张也有了特别多的启发，没过多久，老张清退了自己所有公司的投资方，团队也从开始的几千人缩减到只剩百余人，公司的业务模式也发生了巨大的变化。

或许是老刘托梦告诉了老张一些东西。而正是这些决定，在后来救了老张。

4

老张是我们这群人中最沉得住气的，他的公司从来没有扩张到离谱的地步，也没有追过风口。在行业鼎盛时期，常常有人笑他目光短浅，但是在这场行业寒冬里，他却成了最后一个站着的人。有人说他运气好，有人说他太保守，但老张像是早早看透这一切的本质：资本是用来渡河的船，不是你靠边的岸。

这句话也是老张跟我说的。教培行业的寒冬第一波冲击来得猝不及防，老张的公司虽然规模不大，但是现金流一下子出了问题。和其他公司不同，他没有选择融资，也没有推出保过课、年付费课程之类的东西，而是直接关停了一半的分校，将剩下的资源全部集中到几个核心的校区。

在董事会上，所有说他在自毁长城的声音，他一律都屏蔽了。全世界都在抢地盘，只有他在想怎么撤退，怎么安全着陆。

老张信佛，他曾经告诉我一句话："你可以什么都不信，但你要相信因果报应。"

后来我也送了他一句话："你可以什么都不信，但你要相信周期。"这世间万物，无非是因果和周期，一切高高在上的东西，总有一天会突然跌落神坛；一切在地下的东西，有一天也会重见天日。

我后来也把这段话送给了身边所有处于低谷的朋友，别担心，一切都会过去，一切也都会回来。

很快，老张宣布公司全面转型职业教育，推出了几个技能培训课程。他把公司的 slogan 换成了："学一技之长，安身立命。"这个方向一开始并不被人看好，招生人数寥寥，但他咬牙坚持了下来。转型职业教育之后，很多资本撤退了，公司虽然活了下来，但规模越来越小，几家资本方对他的保守政策不满，开始施压让他做改变，但老张还是坚持下来了。

再之后，职业教育带来的现金流虽然平稳，但老张非常清楚，这并不是时代的趋势。

在一次行业论坛上，他听我做了一场演讲，主题是 AI 如何改变教育模式，他立刻意识到这可能才是未来。他找到公司负责技术的同事，说他们做的所有事的本质都是数据的积累，AI能用数据做更多的东西，它能让学生快速找到自己的问题，能让老师更有效地去教学。老张对我说："要不你来负责，你帮我，我们一起做，AI这东西是未来。"

他说服团队，把我放进了AI的项目里。一开始AI项目还只有一个雏形，技术上困难重重，客户也很难接受新的模式，但他力挽狂澜，拉着我开了几次漫长的会议。

为了支持这个项目，老张甚至关掉了最后两个不挣钱的职业培训项目，把里面的精兵强将全部调到AI这个项目中，去打持久战。当资源开始向AI项目倾斜，他前几个AI班全部挣了钱。有人质疑他这是孤注一掷，没了职业教育，万一AI也不成呢？老张笑了笑，说："这是趋势也是方向，不会不成的。"

自从转型做了AI教育之后，老张跟我算是形影不离，还希望我加入他的团队，但我知道我这种人玩玩嘴皮子、提提建议可以，但是具体去做事儿，我已经过了年龄和状态了。

老张见我推辞，便说："那你就来做顾问吧。"我笑了笑说："顾问就是顾得着的时候问一问，顾不着的时候就不问了。"

后来我在多伦多大学学人工智能专业，经常把最新的想法和信息分享给他和他的技术团队。再后来，我在硅谷做投资，遇到好的商业模式也会第一时间同步给他。再之后，我在一个圣诞节回国，落地上海，他说他也在上海，要一起吃个饭。

没想到，我们阴差阳错地竟然又来到那家会所。老张说五年前这里多繁荣啊，我们在这儿为老李的上市公司庆祝，花10万元买了红桃A喝到醉生梦死，五年之后物是人非了，这里还是霓虹灯闪烁，我们却没了当年的喧嚣。

老张点了几个家常菜，问我要不要喝点。我说，那必须的。我们举起了杯，什么话也没说，但我看着老张的劲头儿，意识到他的人生或许才刚刚开始。我想起五年前那瓶10万块钱的红桃A，现在它还值多少呢？反正我是不会买的，我知道老张现在也不会买。那天我们没有喝第二场，而是分别回到了酒店，因为等待着我们的还有其他工作。

老张的故事没有轰轰烈烈的高潮，也没有惨烈的低谷。他只是活了下来，他的生存是一场隐忍而漫长的战斗，他放弃了资本的光环，缩减了公司的规模，坚持到了最后，却从未停止向未来探索和迈进。我希望他能越来越好。

这是我身边唯一一例创业失败后软着陆的故事，他的故事背后有一种克制的哲学，值得我们每个人学习。

5

五年后的上海，黄浦江边依旧灯火辉煌，霓虹灯闪烁着，像是在告诉我们这座城市从来不会停止发光。我看着这座城市滚滚向前的样子，突然没了困意。我走到黄浦江边，觉得此时应该点一根烟才更符合当下的心境。但是我从来不抽烟，于是我插着口袋，一边走，一边欣赏着这座城市的夜空。

风从江面吹来，带着一些诗意。突然，我的思绪被一辆跑车的轰鸣声打断，一辆玛莎拉蒂跑车稳稳地停在红绿灯的下面。我从那辆玛莎拉蒂的窗户里看到了一位瘦瘦的、穿着白色衬衫的男孩，他的衬衫很大。男孩一边等着红灯，一边看着手机。等到红灯突然变绿，他一脚油门，伴随着轰鸣声消失在夜色中。

远处的霓虹灯像是一场巨大的烟火，一瞬绚烂，随即隐没。我想起今天早上看到的新闻，一家新兴教育公司刚刚完成了数亿元的融资，创始人年仅二十二岁。新闻的配图是他站在投资人的中间，脸上带着自信的笑容，手里拿着一份刚刚签下的协议。

"我希望把教育像风筝一样放飞，飞得越高越远越好。"他在新闻里笑着说。

他代表着未来还是暗示着轮回，我想上天自有答案。

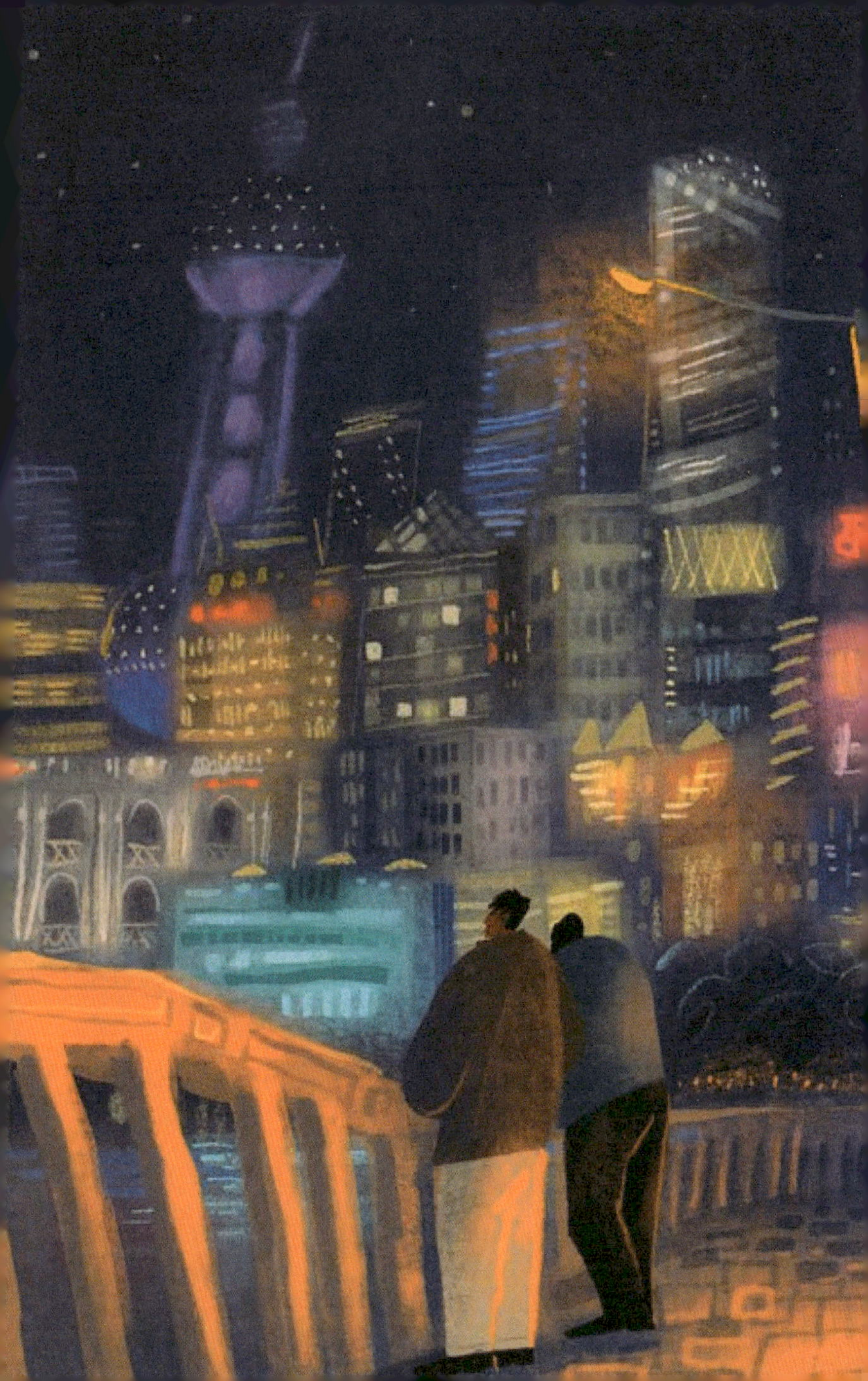

人生十字路口

❶

我去加拿大留学前,被老肖请去他的公司吃火锅,我们开了一瓶我收藏了好久的酒。我还在吹牛说这瓶酒多好喝多贵,我一直不舍得喝,老肖说:"你是不是忘了,这是我给你的。"

有时候人就是这样,你以为你对别人好,其实是因为别人先对你好的。

第二天我就要飞多伦多了,他也要飞泰国了——《误杀3》开机了,和前两部一样,这回他又是主演。

老肖说:"尚龙,你这一走,都没人陪我跑步了。"我说:

"还没人给我当指明灯了呢。"

我们就这样有一搭没一搭地喝完了最后的酒,结束了饭局。我提议在分别前再一起跑一次步,他说:"刚吃完饭就跑步不好,咱们走回去呗。"

于是,我们就这样走着,看着漫天的繁星,听着刚入春就响起的虫鸣,繁星像是无数颗点缀在黑色天鹅绒上的钻石,虫鸣像是细碎的音符跳跃在宁静夜幕的乐章上。走着走着,我俩就习惯性地奔跑了起来。

我想起他带我第一次在朝阳公园奔跑的夜晚,那时我的悦跑圈的公里数还是零。

我和他住得很近,隔着两个街道,我总跟他开玩笑说,我们每次分开的地方是人生十字路口,因为向东走就是他家,向西走就是我家。

那么,老肖,就此别过了,在人生的十字路口别过了。

老肖的名字叫肖央,很多人知道他是因为《小苹果》那首神曲,但我最早知道他是因为那首《老男孩》,里面有句歌词叫"各自奔前程的身影,匆匆渐行渐远,未来在哪里平凡,啊,谁给我答案"。放在此刻真应景。

人就是这样,总会在某个时刻突然决定做点什么,于是和朋友各奔东西。离别是为了更好地相聚,让彼此更好,然后在高处重逢。

此时我坐在机场,脑海里都是关于老肖的故事,谨以此文,感谢他这一路对我的帮助。

❷

老肖三十岁的时候,我刚二十岁,他是一名广告导演,穿梭在商业与创意之间,却总是接到那些他自嘲为"不痛不痒"的广告项目,他觉得人生就这样了。谁知道优酷的一个青年导演培植计划改变了他的一生。

他写了一个剧本,拍了个微电影,这个微电影叫《老男孩》,讲述了一个叫肖大宝(肖央饰)和一个叫王小帅(王太利饰)的两个曾经有着音乐梦想的中年男人的故事。

那年我刚读大二,在学校的机房里,面对着那台运行缓慢的电脑,我通过2G网络观看了这部电影。尽管网速缓慢,画面卡顿,但《老男孩》如同一股暖流,温暖了我那颗年轻的心。

故事很有趣，在学生时代，肖大宝是个校园霸王，曾欺负过王小帅和包小白等人。但因为肖大宝和王小帅都热爱迈克尔·杰克逊，他们最终成了朋友。然而，时间流逝，二十多年后，肖大宝成了一名婚庆主持人，而王小帅则经营着一家理发店，并娶了当年暗恋他的胖女孩郝芳。

命运的齿轮开始转动。一天，肖大宝因开车不慎剐到了别人的车，车主的保镖要找他麻烦，但没想到的是，车主是他的高中同学包小白，现在成了一名电视制片人。包小白没有追究肖大宝的责任，反而给了他一张名片，邀请他参加自己的选秀节目《欢乐男声》。肖大宝和王小帅在经历了生活上的种种挫折后，决定重新追求音乐梦想，去参加选秀。

尽管最初王小帅的妻子郝芳反对，但最终被他们的执着所打动，决定支持他们，她成了在比赛里唯一一直支持他们的观众。肖大宝和王小帅凭借熟悉的迈克尔·杰克逊的歌曲和舞蹈进入了复赛。但包小白却想起来肖大宝和自己过去的矛盾，于是，他暗示评委在下一轮比赛中淘汰他们。

复赛要求选手演唱原创歌曲，于是他们创作了电影的同名主题曲《老男孩》。这首歌曲唤起了已四散各地的高中同学的共鸣，现场观众和包小白都流下了眼泪。尽管他们最终没有赢得比赛，但肖大宝和王小帅赢回了自己的青春。

很多人都知道这部电影火了,但不知道的是,老肖拍这部电影的时候几乎花光了所有的积蓄,甚至很多钱都是借朋友的。

他说这部电影也是拍给自己的,就算没有拿到第一,至少曾经唱得响亮。

其实直到开机前,他们两位主创还没想好主题曲应该怎么办,直到有一次王太利老师在街边听到了大桥卓弥的歌曲,觉得好听,就用了曲调,自己写了词。

等电影和歌曲红了,他们才意识到没跟原作曲者要授权是不对的,于是他们发邮件找人家要授权。两个人通过粉丝找到了大桥卓弥的经纪人,好在他们最后要到了授权。

那段日子大街小巷的年轻人都在哼唱这首歌,老肖说连他上厕所的时候都有人靠近他,突然来一嗓子:"当初的愿望实现了吗?事到如今只好祭奠吗?"把他吓了一跳,尴尬地笑了笑。

那人来不及穿裤子,打了个尿颤,说:"我老远就看着像你!签个名!"

接着,老肖和王太利老师开始拍话剧、写书,最后他们决定拍《老男孩》大电影,那部电影叫《老男孩之猛龙过江》。

我记得那是2014年,我姐姐刚从国外读完研究生回国,我带着她一起看的这部电影。曲终人散,她侧首问我:"这故事的后半段,究竟在讲述什么?是两个中年男子的狂想吗?"

在电影中,一个中年男人肖大宝在洗浴中心扮演着憨态可掬的小丑,用他的歌声与笑声换取微薄的收入;而王小帅作为一个上门女婿,在家人和邻里眼中就是个"软饭男",他们面对窘迫的生活,决定为梦想启程。

于是,肖大宝和王小帅这两个在生活中总是遭遇失败的老男孩,决定前往美国去寻梦,却在纽约遭遇了黑帮、绑架等一系列令人啼笑皆非的事情。

后来,在我与老肖相识之后,我曾转述姐姐当时的疑惑,问他那故事的后半段究竟寓意何在?

他说:"你还记得电影的片尾曲叫《我从来没去过纽约》吗?"

我说:"我记得。"

"其实他们俩没去纽约。"

我恍然大悟,是的,对于两个在生活中如此挣扎的人来说,纽约那座大舞台是梦想。既然如此遥不可及,是不是应该放弃?

不是。

所以,他们通过一首歌曲,以荒诞主义的手法,展现了主人公对生活的抗争与对梦想的执着。这种创意,无疑是对现实的深刻反思与艺术的巧妙运用。

可惜的是,很多观众并没看出来这样的艺术深意。从微电影到大电影,最考验导演的是叙事结构和叙事能力。最终,《老男孩之猛龙过江》虽然有遗憾,但赢得了超过两亿的票房佳绩,给很多人留下了难忘的记忆。

那之后,老肖又主演了好多电影:《唐人街探案》《情圣》《号手就位》……虽然作为演员参与了好几部戏,但埋在他心里的导演种子,一直在发芽。他想做很多事,觉得趁着年轻,也可以做更多事。

也是,一个美术系的学生,当了导演、编剧,演了电影,唱的歌红遍大江南北,这种跨界能力,只要有资本加持,就能有无限做梦的可能。

3

那是一个资本热潮涌动的时代,热钱如泉涌,业界人士热议着票房奇迹、亿级投资、财富自由的神话,以及流量明星和超级 IP 的无限潜力。走进漫咖啡，四周洋溢的是对财富和名声的追求与憧憬。

在那一年，老肖倾注了全部心血，自编自导自演了电影《天气预爆》，渴望再次触及荣耀的巅峰。然而，梦想的翅膀越是壮阔，其承载的风险也越是沉重。这部影片，几乎将他推至事业的严寒边缘。

老肖既是导演也是编剧还是主演，但正是这样的三重身份，使得他在叙事技巧和节奏掌控上的短板无处遁形，彻底暴露了他在长篇导演领域的局限。

关于影片的评论网上都有，我就不赘述了。

他跟我讲过很多电影失败后遇到的事，比如有人找他要钱、有投资人给他发律师函、有粉丝给他发私信骂他、有铺天盖地的恶评和媒体攻击。那段日子，杯子破碎时都是梦碎的声音。

也就是那段日子，他迷上了跑步，好像只有跑起来才能走出来。

我不知道他这种日子持续了多久，只记得那天是他生日，那年他刚好四十岁。我们又约在"人生十字路口"一起跑步，我问他为啥不自己干，他对我说："到这年纪该懂得删繁就简了。"

从那之后，他便鲜少出席那些觥筹交错的饭局，我想，他大概率不会做导演了。

几天后，他跟我说，有一部戏，是他们从印度买的版权，他们的编剧改了一个版本，一位新导演要拍，找他演男一，在泰国拍，问我他要不要去演。

我当时跟他说："别演别人的版权啊，得演原创啊。"现在想起来我真是脑子有病，差点坏了人家的前途。

因为那部戏，正是后来声名大噪的电影《误杀》。

很快，他进组了。

我去泰国探班的时候，他浑身泥巴。

我问："怎么了？"

他说："拍了一场越狱的戏。"

我们两个喝了一瓶威士忌，他说："这部戏应该会很好看。"仿佛在说，这将是他演艺生涯中的"登峰造极"之作。

老肖有个好朋友，写过一首歌叫《听说》，歌词充满了对社会的戏谑与深意，值得细细品味，各位有空儿可以找来听。

其中一句词很戳我："听个小诗人说，饿死我也不写小说。"

但更戳他的是："听个网络歌手说，我一首烂歌火遍中国。"

每次听到这首歌，我俩都会哭，因为我俩一个写了好多小说，一个一首歌几乎全世界都知道。

毕竟，天下艺人，谁不渴望以真才实学留名青史，而非依靠一时的炒作与噱头让世人皆知呢？

终于，电影《误杀》来了，老肖的形象从此被人用另一种方式记住了。这部电影如同一缕曙光，照亮了他前行的道路，让他的艺术形象以一种全新的姿态深入人心。原来提到他，更多的是搞笑、幽默这些标签；现在提到他，那严肃主义的父亲形象令人难以忘怀。

三个月后他回到北京，我们又继续在朝阳公园跑步。他状态变了，很显然，他不再焦虑了。

我看着跑道边的树从枝干空空到满满的翠绿，又从翠绿慢慢变黄，落叶随风飘扬，树枝在一场大雪后变得光秃秃的。

春风拂过，带来了新的乐章。

光秃秃的枝头开始萌发出嫩芽，如同初生的希望，一点点染绿了我们的视线。

我们在春的序曲中奔跑，感受着生命的勃发，每一次脚掌触地，都仿佛在唤醒沉睡的大地和自己。

夏日的华章中，树叶变得碧绿而茂盛，它们在阳光的照耀下，闪烁着生命的光泽。我们在这片翠绿的海洋中穿行，树荫如盖,为我们遮挡炎热阳光,带来一丝丝的凉意。绿叶在微风中轻轻摆动,似乎在为我们的坚持和汗水鼓掌。

秋天的乐章是金色的,落叶纷纷,它们在空中旋转,缓缓降落,铺就了一条金色的道路。

那个银装素裹的冬日,《误杀》上映了。我走进电影院,片子结束后,我看见所有人站起来鼓掌。

当年,在影视行业暗淡无光的时候,《误杀》的票房突破十亿。也是同年,肖央凭借在《误杀》中的表演提名金鸡奖最佳男主角。

后来,我们在朝阳公园跑步时,他戴着帽子和围巾,却还能被人认出。那是我们第三年在一起跑步,我已经可以跑半马了,我的悦跑圈有了四千多公里的数据,它见证了我从"蹒跚学步"到能完成半程马拉松的蜕变。有一次,我们跑了一大圈后,他走到湖面上,湖面已经结冰了,我说:"你小心点,你现在身价太高了。上来吧。"

他说:"你看这冰,其实就是水。所有东西极端了都会变成另一种形态。"

这话他随便说的,但给了我很多启发。

我们跑着跑着,从文学聊到理想,从理想聊到艺术。等到春暖花开的时候,我跟他说:"我最近开始创业了,还融了好几轮资,我现在老有钱了。"

他也就笑笑表达一些祝福。

其实那段日子,我每次跟他跑步的时候都很兴奋,因为我感觉公司要上市了,马上就财富自由了!

直到有一次,当我跟他讲什么上市理想、财富自由,讲得眉飞色舞的时候,老肖停了一会儿,说:"你吧,还年轻,还没吃过亏,等你吃了亏就知道要做减法了。"

的确,人到了某个年龄的时候,总会专注一些事情。

再之后,他又去拍戏了,这次是跟刘德华搭档。

这部戏就是《人潮汹涌》。电影杀青那段日子,我天天跟他开玩笑,说我认识你就是希望认识华哥。

等到电影播出的时候,我知道老肖已经和原来的"老男孩"不一样了,他已非昔日吴下阿蒙,他的演技日臻成熟,表现力更是炉火纯青。

再之后,《我的姐姐》《误杀2》《唐人街探案2》《唐人街探案3》等电影一部接着一部,老肖通过做减法找到了自己的轨道,这条轨道正在通往他梦想中的殿堂。

年轻时你总觉得自己什么都能做,等到了一定年纪后,才知道，做减法的人才是聪明的人。

年轻时，什么都体验过了，打过的仗，尽全力了，就算是打输的仗，也都付出了全部的力量。这时候，就该做做减法了。

那年，老肖当了父亲，有了一个可爱的女儿。

接着，我也去深造了。

我开始远离喧嚣，远离一个又一个聚会，我们终于找到了适合自己的生活节奏。

❹

在写这个故事的时候，我的耳机里放着的是他的歌曲《老男孩》《I LOVE YOU》《我从来没去过纽约》《猛龙过江》《小水果》，我没有放《小苹果》，因为这首歌不用我特意找来听，它已经印在我脑子里了。

分别前，我还是矫情了。"谢了，老肖。"我红着眼睛对他说。

老肖，你不知道的是，你的故事也感动着我，要不是你，我估计还要继续创业，撞得头破血流，亏一屁股钱，变成老赖。我现在就是想当一个好作家，写出好的作品，让更多的人看我的故事。

我又说："现在我也开始做减法了，这其实是你告诉我的，虽然你不记得了。"

在人生十字路口分别的时候，他对我说："哦，尚龙，我想起来了，我记得跟你说过你没吃过亏。你是不是创业吃亏了？"

他还说："等你下次创业我投你点儿，投你个百分之一。"

我笑得肚子疼，说："那我只能估值一百个亿，给你放百分之一的份额。"

我俩拥抱，分别在人生十字路口，五步一回头，消失在彼此的远方。

"你让我多了一个去加拿大玩的理由。"

"你给了我一个看《误杀3》的理由。"

别了，老肖，谢谢你教会我的一切，我会好好写，做一个好作家。你也好好演，期待你成为最佳男主角。

谨以此文，送给每一个有梦想的人。

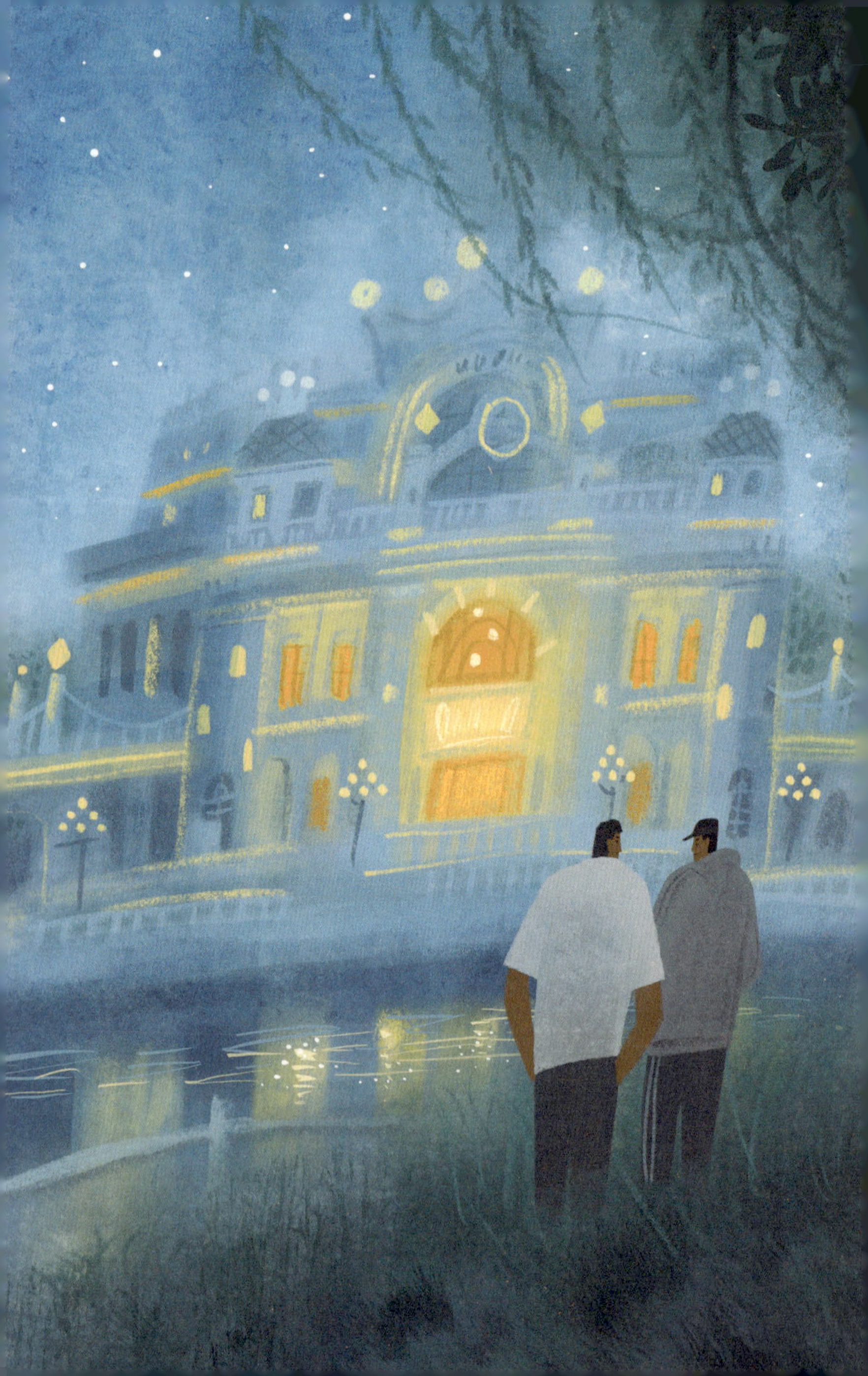

我与父辈

❶

电影《再见,李可乐》开机的时候,我去找王小列导演吃了个饭。这部戏从筹备到开机,已经快十年了,我从小说跟到了剧本,又跟到拍摄。

改剧本的时候,导演说为了感谢我帮忙,要把主人公改名叫李尚龙。

我说:"您可千万别,这主人公不是死了吗?"

后来他笑了笑,说:"片方不让我加特别鸣谢的人,这样,我先改成李可乐,等结束我单独发微博感谢你。"

我说:"好,李可乐好,就叫李可乐吧。"

感谢列导没让主人公叫李尚龙,要不然这电影有可能叫其他名字。

拍摄杀青后,我给他发了条信息,我问他这部戏跟小说比改动大吗?

他说:"挺大的,我其实还在电影里加了好多想对我父亲说的话。"

"这是送给您父亲的一部电影?"我继续问。

"当然。"

这部电影有一个故事原型,后来导演自己以此为蓝本写了一部小说叫《爸爸是只"狗"》,故事梗概是这样的:

在尼泊尔的白雪皑皑之中,一家三口欢声笑语地滑雪。突然,天崩地裂般的雪崩席卷而来,母亲和女儿侥幸逃脱,而父亲却被残酷的雪堆淹没。救援队伍匆匆而至,但父亲已沉睡在无声的世界,成了植物人。面对生与死的抉择,母亲在痛苦与挣扎后,选择了让他安详离去。

就在那个悲伤的日子里,护士家中的一只大狗诞下了小狗。尼泊尔讲究佛教信仰中的转世轮回,小狗的出生在这一刻仿佛给人们带来了某种慰藉。护士为了安抚小女孩那颗因父亲去世而痛苦的心，将其中一只小狗送给了她。带着内心对母亲放弃救治父亲的不解和愤怒，小女孩带着小狗回了家，女孩给小狗起名叫可乐。

回家后，母女俩剑拔弩张，但女孩惊奇地发现，这只狗能听懂自己的话，而且举动特别像自己的父亲，比如喜欢看父亲爱看的电视节目，比如喜欢喝父亲爱喝的茶，其举止不经意间流露出父亲生前的影子……女孩认定这个狗是她爸爸的转世。

然而，命运再次跟她开了一个残酷的玩笑。在高考的前夕，母亲在她外出时偷偷地将狗送人。女孩归来，发现父亲的再一次"离世"，心如刀割，决定离家出走，投靠男友的温暖怀抱。

一年后，男朋友告诉她看到一只狗跟她之前那只狗很像。于是女孩就跟着男朋友一起去看那只狗，她在远处尝试叫"可乐"的名字，那只狗听到之后立刻就扑过来了。女孩很惊讶，因为都过去一年多了，狗都可能改名多少次了。

又过了几年，她与男友步入婚姻的殿堂，由于婚礼上缺少父亲的陪伴，于是她选择了这只狗陪伴自己。

可是，婚礼当天这只狗得了重病，去医院检查才发现，它没几天可活了，而且会无比痛苦。于是她只能独自去参加婚礼。结果婚礼开始后，狗来了——没人告诉它地址在哪儿。你想这女孩得哭成啥样。

婚礼结束后,狗奄奄一息,特别痛苦,于是女孩带狗去安乐死。给狗做安乐死的时候,她终于理解了母亲当年的选择,两颗曾经冰冷的心在释然与理解中融化。母女俩返回那片见证了她们悲欢的雪地,女孩感觉父亲的灵魂仿佛也在那里,守护着她们,直到世界的尽头。

❷

小列导演最先买到这个故事的版权的时候,我就问他:"为什么喜欢这个故事?"

他笑笑说:"喜欢不需要理由。"

但其实我知道,这一定和他自己的父亲有关,我虽然没多问,但我能猜出来。

为了改编这个故事,他先找到了著名编剧宋方金,宋老师经验丰富,却好几年都没有改出来。于是他又找到了我,我因为当时手上也有自己的故事要写,也没法全心全意面对这么情感丰富的故事。

拖了好久后,我终于决定找到列导,问:"为什么您不亲自写?"

我不知道他为什么纠结,在我的世界观里,一个长在自己身体里的故事,就应该自己写,正如《伊索寓言》里所说:"最真挚的故事应由其主人来讲述。"

但他迟迟不敢动笔,每次我和他吃饭,他都建议我写,我都建议他写,互相推诿笔责又纠缠好久。

后来才知道,他和父亲有不可调和的矛盾。列导是1961年生人,他的父亲已经九十多岁了。

直到有一天,我们喝了很多酒,列导才松了口:"行,我试试。"

不久后,他问我,能不能一边写一边给我看?我说当然可以。感谢互联网,能把两个相隔很远的人的脑子联机。

意外的是,他的笔触流畅迅速,仅一个月便完成了。

在他定稿的时候,我请他吃饭,饭桌上,我问他:"您既然这么喜欢这个题材,为什么不写自己父亲的故事?"

他愣了半天,最终还是避而不答,说:"吃菜喝酒。"

在这简单的回避中,我读懂了他与父亲之间那难以言说的隔阂，也就不询问了。

每个人都有自己惧怕的黑洞，无论多大年纪，都有自己的噩梦。

不久，小列导演的小说问世，两年后，他根据小说导演的电影亦告杀青。

我和父亲有幸观看了首映，现场人头攒动、人山人海，尽管我早已知晓剧情，电影谢幕后仍是泪眼婆娑。

父亲坐在我身边，我转头看他，他的眼睛也红了。

伴随着观众的掌声，主创和主演们纷纷上台，我期待着导演的开场白，心中暗想，这必是他送给他父亲最美好的礼物。然而，当他握起麦克风，仅淡然一句："希望大家喜欢这部电影，剩下的吴京说吧。"

然后列导就把麦克风递给了吴京。

后来我才得知，他和他父亲的关系错综复杂。他父亲更偏好含蓄且传统的交流方式，而小列则渴望更直接和开放的沟通方式。他父亲自评其生活的幸福指数仅为五十分，而小列坚信他父亲衣食无忧，应该有更高的幸福感。小列对他父亲的健康与安全抱有极大的关注，如对其穿鞋的担忧和对洗桑拿的反对，但在他父亲看来，这却是一种束缚。尽管他父亲作为一个独立个体，不愿过度依赖小列，但他还是从西安搬来北京，这种独立性与小列的关怀之间，不可避免地生出了矛盾。

在那个光辉灿烂的首映夜，小列导演还是没有公开表达对父亲的情感，但我知道，他的心中藏着深深的愧疚和爱，就像他后来说的："我其实还在电影里加了好多想对我父亲说的话。"

那一代人，总是不会公开表达爱，等到能大声说出"我爱你"时，往往已经来不及了。

列导父亲去世的那天，我刚好要找他谈工作，他回我："尚龙，我父亲去世了，等我忙完再回你。"然后又说了一句令我这辈子难忘的话："我与死亡的最后一道屏障没了。"

时光流转，我与列导共庆生日——尽管我们年岁悬殊，他常笑称我比他的儿子还年轻，但我们的生日仅相隔一天。那天列导跟我说："写了那么多别人的故事，终于，我鼓足勇气写自己的父亲了。"

3

生日过后,他重新投入创作。

如往常一样,他一边笔耕,一边将稿件分享给我。只是这一次,他写的是自己父亲的故事,没有改任何人的版权。这次他写得很慢,至我撰写此文时,他仍未能完稿,还在不断地反复打磨之中。以下是他创作中的几句摘录,让我分享给你:

"我想起我母亲临终前对我的嘱咐:'我走了,你一定要对你爸好,照顾好他。'而此刻,我开着车正行驶在陕西境内,前面就是西安了,无论如何我对我母亲也算是有了一个交代,愿他们在天国相遇,来生一切安好。

"现在回想起来,这是我母亲最后留给我最清晰的遗嘱,也是留给我父亲最热烈的表白。

"我相信他不止一次地在自己的生命中预演过死亡,为的是让自己能够有足够的信心和死亡面对面,最终让自己能够在死亡面前保留最后的尊严。

"我父亲在生命的最后阶段居然没有和我交代过任何事情,也就是说我父亲没有遗嘱。

"今天,我父亲去世已经有两年了,每当我回想起他生前的样子,总会为我曾经大声吼过他而感到难过。我是在他去世几个月以后,从我妹那里听到我父亲曾跟她抱怨,他对我妹说:'他像吼儿子一样地吼我。'就在我听到的这一刻,我的心又一次感到疼痛,我觉得我是有点过分了。"

…………

阎连科老师写过一本书叫《我与父辈》,讲的是他和父亲的故事。记得在一个夏天的傍晚,我一口气读完,泪眼婆娑。很荣幸,他在天津做签售会的时候,主办方邀请我去给他站台。

那时我刚写完我的短篇《硬汉的眼泪》,里面也提到了我的父辈,主办方估计是想让我们一起聊聊我们的父辈有什么不同和相同之处。

其实不同的地方很好谈,阎连科老师1958年出生,他的父亲是1920年前后生人,我的父亲是1960年后生人,我是1990年出生的。

但是,有个问题我一直没有头绪:"我们的父辈有相同之处吗?"

这个问题直到活动结束,我都没有答案。

还记得接受采访的时候,阎连科老师说:"《我与父辈》是一个常有过错的儿子跪在祖坟前的默念、回想和懊忆。在我所有的作品中,它是一颗钻石,和书的厚重相比,所有的奖项和盛誉都显得太轻了。"

但好在,有本书记录了他的父辈。记录本身就是一种释然。

我不知道列导会不会写完那本书后也能释然,也能平静,但每一个父亲,特别是初为人父者,在抚养子女的过程中必然存在种种不周之处,只有当自己为人父母时,才会知道这一切没有网上说得那么简单。并不是谁欠谁一个道歉,而是谁都该说句谢谢。

我们总是向上责备,却忘了老人会变得更老,甚至有一天会离开。那时该道歉的,会不会是自己?

❹

在另外一部电影《了不起的老爸》的首映现场,制片人阿顺一直在流眼泪,后来主持人不得已把话筒递给别的主创人员。我和阿顺认识很久了,很多项目我也在帮他出谋划策,但这个项目他坚持要自己抓剧本。

直到有一次他来到我的直播间,我才有机会准备了很多问题问他,其中一个是:"你这部戏有写给你自己父亲的部分吗?"

他沉默了很久,然后说:"他最终还是没有赶上看到这部送给他的电影。"说完就拍了拍我,哽咽了,"别说了,龙哥,我要哭了。"

原来他一直想趁着父亲还在的时候,把这个故事送给父亲,让父亲能看到儿子亲自拍的电影。只可惜来不及了。

父亲节这天,这部电影上映了。

电影的主人公是一位名叫肖尔东的少年,他患有一种名为"进行性肌营养不良症"的罕见疾病,这种疾病会导致肌肉逐渐衰弱。面对这个残酷的现实,肖尔东却怀揣着一个看似不可能实现的愿望——成为一名马拉松运动员。在周遭的世界对这个梦想嗤之以鼻、冷眼旁观时,肖大明——他的父亲,一生平凡,却在此刻做出了非凡的决定:他将与儿子并肩作战,陪儿子一起完成马拉松。

直播间里,我问阿顺:"这部电影主题是什么?励志吗?"

他愣了一会儿,说了五个字:"父亲的陪伴。"

什么是陪伴呢?我想了很久,直到我写下这些文字之时,我才意识到:陪伴是当他离开时,你才意识到对方存在的感觉。

而陪伴的力量，是无穷的。

写这篇稿子的时候，我在温哥华的一家星巴克里，父亲一直在我身边，他在玩手机，我在码字。看着周围的一片翠绿和阳光明媚，我知道，只要他在我就会感到安全。

从小到大，父亲就像灯塔，只要他在，你就会感到安全。突然有一天，你长高了、肩膀变宽了，开始感觉父亲变矮了，但你依旧会在梦里喊他，会在虚弱的时候想他，会因为他在身旁而感到踏实。你看，因为他在我旁边，我这写作效率果然也高了很多。

在我印象里，父亲的步子总是很大，做事总是很利索，永远戴着一个迷彩帽，穿着迷彩服，连车里放着的歌都是国歌和军歌。利索、高效和大步向前，这些似乎已经刻进了他的基因里。

去温哥华之前，我还和父亲吵了一架。在首都机场，父亲和往常一样健步如飞，母亲步子慢，被甩了很远。我说："爸，您别着急了，已经办理好登机手续了，您步子慢点无所谓，不会耽误上飞机的。"

他大声喊道："早点到不是更放心吗？"

我说："您走这么快，搞得大家都很着急啊！您跟我出来留学，放轻松、享受生活不就行了？"

父亲的步子突然慢了下来，他回头冲我笑嘻嘻地说："好好好，享受生活。"

我从来没见过他步子这么慢，弄得我也不适应，于是我一把拉住母亲，跟着父亲的步伐。

我突然想起《我与父辈》里的一段话："他们一生，始终在劳作。仿佛在那个什么都不确定的、什么都由不得他们做主的年代，他们唯一能抓住的、能做主的，就是无休无止、日久天长地劳作，仿佛他们从一落地，那就是他们人生的必然与正义。"

但我们这代人不一样，我们珍惜的是个人的情感表达，更在乎活在当下，更在乎此时此刻是不是幸福。

或许，我们两代人可以交流，我们可以表达，让彼此更通融，就如父亲的步伐也会变慢，我的步子也会变快，最终我们都会因为彼此去调整自己的步伐。在这样的调整中，我们不断试探、摸索，直至最终锁定那一种和谐的速度，那是家的速度，既平稳又和谐，它把我们紧紧绑定在一起，让不同的心跳在同一个节奏中共振。

这个节奏，就是家。

我也经常会想，每一代人的生活态度、语言、环境都会变。这些或许在下一代身上会变得更不一样，但无论如何，一切都会变的。

但什么是不变的呢？我一直想不明白。

直到有一天，我的孩子出生了。当我亲眼见到自己的孩子在医院里呱呱坠地，当我看到他闭着眼睛啼哭，看到他那小小的身躯在我的灵魂深处掀起巨浪，我才感受到了一种从未有过的情感泛滥。

眼角的湿润，不仅仅是因为感动，更是一种深刻的领悟。

但很快，我的理智告诉我：有一天他会长大，和我也有代沟，也有不能说的话，也有自己的世界和隐私，我们也会有新一代父子的矛盾……但有什么关系吗？只要我陪着他，一切都不是问题。

对了，我终于知道应该怎么回答那个问题了："我们的父辈有相同之处吗？"

有，有，真的有。每一代人的情感表达形式会变，但不变的是陪伴。父爱的陪伴，有一种深沉而持久的力量，那力量能战胜这世界上所有的困难——它从未改变。

"谢谢你，爸爸，感谢你始终陪在我身边。"

那真实到无法用语言描述的陪伴，永远不变。

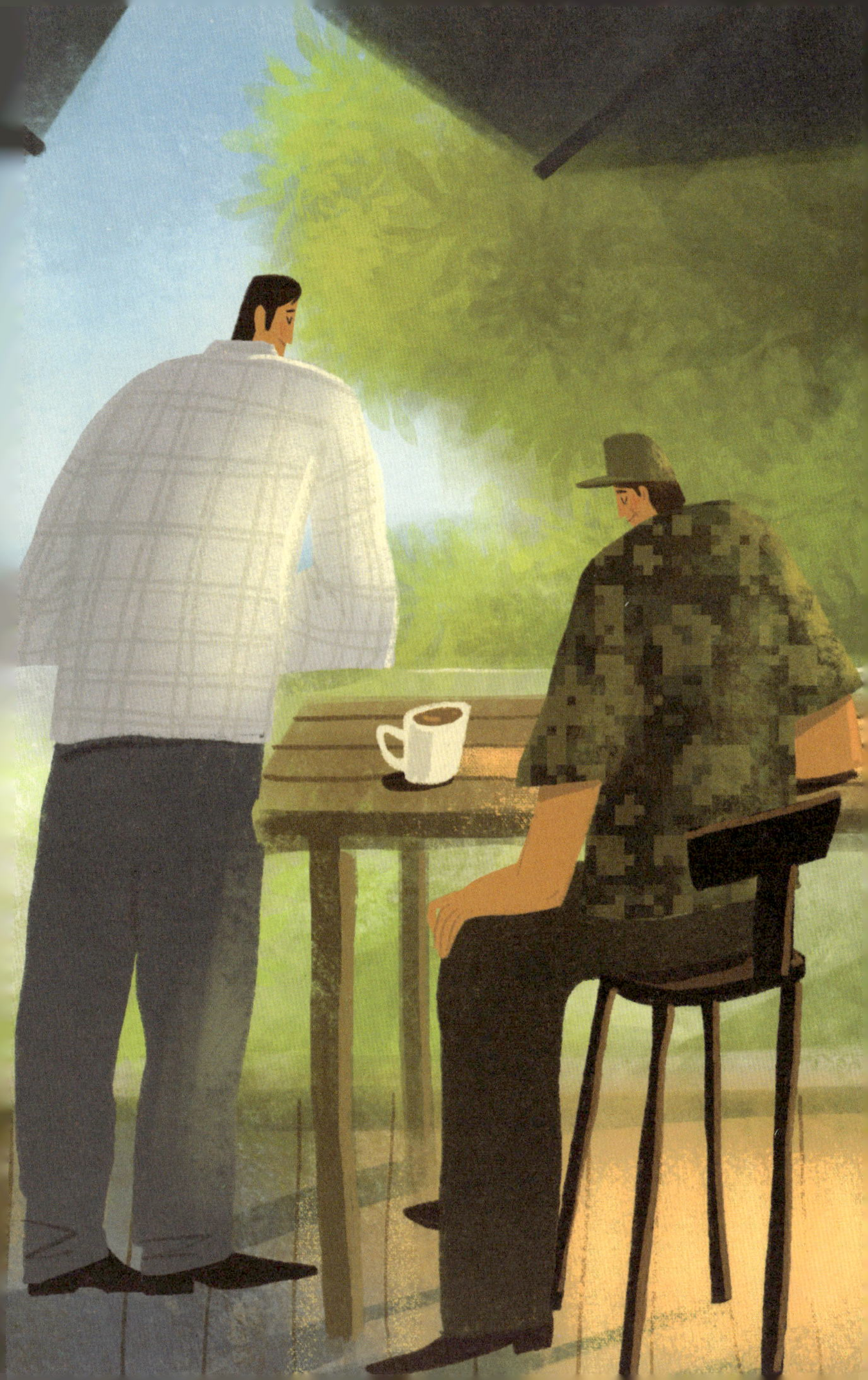

再见，考虫

❶

随着这本书篇幅的增加，我心中的故事之井仿佛在渐渐枯竭，每写完一个，这井水就少了一点。但在这广阔的记忆疆域中，有那么一处，我怎能忘怀？它如一颗永不磨灭的星辰，镶嵌在我的心底，也照亮了很多人奋斗的路。

我决定，用这最后的篇章，讲述一个可能许多老朋友都在期待的故事。

这个故事，跟一家公司有关。这家公司，我的老读者应该记得——考虫网。

它最高的时候估值三亿美金，却在十年后悄然陨落，它影响了几千万大学生，却最终走向衰落。

这是一段关于兴衰的叙述，小人物在每一次兴衰中，都显得格外脆弱。谨以此文献给我们曾经奋斗过的岁月。

在我三十四岁生日的时候，我组了一个饭局，饭局上大概有二十个人，都是我很好的朋友。大家来自影视、教育、出版等行业，我一一介绍大家互相认识。结果发现，每个人都有盲区，都有不认识的人，但所有人都认识我的一位挚友，他来自教培行业——石雷鹏老师。

他们之间的关联，并非来自常规的社交场合，而是因为石雷鹏经常出现在我的朋友圈中，成了一个大家都熟悉的面孔。

的确，我原来上课喜欢讲段子，后来写书喜欢写笑话，如果一段话实在不知道调侃谁，就只能调侃石雷鹏。因为我知道，怎么说他都不会生气，总是一笑了之。他的性格很好，不像有些老师，调侃几句恨不得去朝阳公园约架。

石雷鹏的开场白十分统一：我叫石雷鹏，奶名叫纯洁的彦祖，这是我的奶名，我妈妈从小这么叫我。

那天饭局我们喝得很开心，每个人都说了很多真心话，我跟他们说千万不要来送我。石雷鹏也喝了两杯，说："别人不能，我还不能吗？"

我笑着说："别人不能，你作为唯一跟我们不是一个行业的人，给你一次服务我的机会。"

大家都在笑，他笑得更开心。

出发那天，我十二点就要从家里走，十一点多的时候，一位朋友已经来到家里帮我抬行李了。到了十二点，朋友问我："为啥还不出发？"我说："我在等个人送我。"

于是我打通了他的电话，结果他忘了要送我这件事。

他说："我以为你已经去了，不好意思。"

我说："没关系，我先走了，反正未来还要回来，不用自责。"

谁知到了机场，在我办理登机的时候，看见他跑来了，笑嘻嘻地说："我怎么也要来送送你。"

我们在机场拥抱、分别，我突然意识到，这位挚友，我已经认识十多年了。

而这也是他的特点：他的不靠谱背后隐藏着满满的真诚，他的封闭之中总带着一丝开放。尽管他时常让人啼笑皆非，但却是一位值得深交的挚友。

2

让我把故事拉回到十年前,那年我二十三岁,刚进新东方教书,听说有一个叫石雷鹏的老师讲课很好,还是高校的老师,马上要评上教授,只要他讲课,学生没有睡觉的,总能全神贯注。

他性格好,所有老师上课都会调侃他,说他老,说他黑,虽然是个 80 后,但大家都叫他石叔。

我一开始以为只是调侃,可第一次见到他就震惊了,果然如传言所说,真的是很黑。

他讲课能力很强,时常在课上赢得满堂彩,学生给他的打分很高,于是他总能拿到很高的奖金收入,他曾经财大气粗的故事我写在一篇演讲稿里了。但真实情况是,那只是段子,他并没有财大气粗,也并非天赋异禀,他很用功、很努力,每一节课都会花很长时间去准备。关键是什么新东西他都愿意尝试一下。

后来我开始拍电影,我构思了一个剧本,其中一个角色是一位带有强烈负面特征的老师——涉嫌吸毒、受贿,且非礼女学生,这个角色是整部电影冲突的核心。

开机前我问过很多老师,说要不要来客串。一开始他们满口答应,但看完剧本马上就来了偶像包袱。在我电影快开机的时候,还是没有人愿意接这个角色,直到我准备自己演的时候,在休息室看到了石雷鹏老师。

一番纠结后,他答应了,他说:"到时候学生说我本色出演咋办?"

我说:"不会的,您这么德高望重。"

虽然那个片子最后并没有播出,但我们由此结下了深厚的友谊。

那时飞出的一颗子弹,两年后正中眉心。

这颗子弹打中的地方叫考虫。

考虫的故事我写过,那是一段轰轰烈烈的岁月,一个班两万人同时在线,学生们在评论区刷着消息,我们甚至没办法开始讲课。

我问过石雷鹏,如果我不叫他拍电影,他会不会叫我出来一起创业。他说大概率不会,因为在他和另一位伙伴尹延看来,更重要的是我的潜力,而不仅仅是当下的能力。

这让我意识到,有时候,一个看似偶然的决定,可能会改变整个人生的轨迹:我的和他的。

2014年,我们从新东方辞职了,拥抱了互联网浪潮,去探索互联网教育这片星辰大海。

如果大家感兴趣,可以看看《你要么出众,要么出局》里《你好,考虫》这篇文章。写那篇文章的时候我二十四岁,现在已经三十四岁了。

十年,足以改变一个时代,改变一群人。

还记得在那篇文章的结尾,我写道:"我们的故事刚刚开始。"

那时,激情四射的我们谁能想到,十年后,这一切也刚好结束。

3

我和石雷鹏进入在线教育领域后,如鱼得水。我们学习能力强,愿意在电脑旁、手机边耗费青春。

凭借强大的适应能力和对新技术的热情,我们的自媒体粉丝很快就破百万了。

我的微博粉丝更是两年里突破了四百万。

考虫在几年里迅速发展，光付费的用户就超过了两千万。巅峰时期，每个学校门口的快递，都是一片黄色。那是我们亲手挑选的教材颜色，也成了大学生考四六级必备的颜色。

我从一个普通的"尚龙老师"摇身一变，成了亲切的"龙哥"，而石雷鹏的昵称为"石麻麻"。互联网的传播逻辑，让人费解，又让人欣然接受。

考虫第一年的营收就破了亿，年终会上，我们欢呼雀跃，丝毫没意识到台下坐满了资方。在年会上，我们设立了三个亿的目标，决定第二年大干一场。当然，第二年我们没有完成，但我们这套打法，是资本完全看好的。从第三年开始，我们走上了一条彻底错误的道路：疯狂融资扩张。

那时关于我们融资的消息满世界都是，最狠的一次是2018年，高瓴资本和腾讯投了我们五千五百万美金，那时考虫已经估值三亿美金了。

我亲眼看见公司从几个人到几十人，再到几百人，但丝毫没有意识到这是一个危机。

资本希望我们快速上市回报投资，而教育服务的本质需要我们慢慢积累，一课接一课地稳固基础。

很快,我们在资本的"催熟"下开展了雅思、托福、少儿英语、MBA、职场等多条业务线,这些看似光鲜的新领域,实际上并不符合我们的核心能力和初衷。我们的企业 DNA 并未准备好支持这么多散射的方向,但在资本的驱动下,我们盲目扩张,未能抵抗住诱惑。

疯狂扩张的结果就是疯狂裁员。其实,到最后公司倒闭的时候,也只有四六级和考研两个项目是赚钱的,这一残酷的事实向我们揭示了一个深刻的教训:坚守初心,专注于自己最擅长和最核心的业务,才是通向成功的唯一道路。

我只记得那段时间,我在疯狂培训新教师,每来一个新教师,我都要花好几天给他们讲应该怎么上课。作为核心教师,我和石雷鹏被资本看作是可复制的模板,希望通过复制我们的教学风格和技巧来迅速扩充师资队伍,满足日益增长的课程需求和市场扩张。

资本的理念简单粗暴:复制成功的模型,增加课程,吸引更多学生报名,从而推动公司盈利并迈向上市。

但复制一个活生生的个体谈何容易,就比如我上课讲的故事,和石雷鹏上课讲的段子,这是长在我们身体里的东西,谁抄都会倒霉。还记得有个女老师学石雷鹏讲了个段子被人投诉了，说她讲黄段子，石雷鹏事后也笑着说："我讲咋没事？"

每个老师的个性和授课风格都是与众不同的，怎么可能用模板去复制？

资本需要我们尽快招生、上市，于是给我们排满了课。但每一节课我们都是带有感情上的，需要用灵魂去经历那一个个课时，一旦排课量过高，必然囫囵吞枣乱上一通。

2020年的时候，考虫已经有七百多名员工，光老师已经有一百多人了。

这些老师，大多是没有经验的年轻老师。他们有活力，但是却没办法上好课。之所以用他们是因为：第一，他们便宜；第二，他们好管。

一旦没有经验的老师被重用，必然带来课程质量和品牌口碑的下滑。

其实，如果我们放慢步伐，更注重持续的发展和质量的完善，完全有可能打造出一个长久繁盛的公司。但资本受到了有限合伙人（LP）的影响，他们通常希望在三到五年内看到投资回报并退出，这种压力使得公司必须追求快速的成长和盈利。于是，我们做什么都要快。

这时公司的腐败已经悄然滋生了，我记得一个老师跟我吐槽，那谁谁因为团建跟首席运营官住在一个房间并拍他马屁，于是这几个班的课都是他上。

还有高管和老师谈恋爱的，比如总经理追一个教研员，把人家吓得辞职了。

公司的CEO用得更多的是自己习惯且感觉舒服的人，这些人很多没什么本事，但会忽悠，会拍马屁，会向上管理。

比如有个人，几乎是行业冥灯，从别处跳槽来到考虫没几天，就通过吐槽前CEO得到了现CEO的认可。于是他开始接管考研业务，花了很多钱不说，业绩还一点没做好，后来他离职去了别的公司，到处说自己在考虫搭建的业务线。

其实，这些事情都可以规避，但凡做一点背调，多参加一次饭局，认识几个圈内朋友，也不至于让这种人掌控这么大的权力。

资金充裕，恃富而骄；权力在手，固执己见。

4

我做出离开考虫的决定,是在听闻 CEO 计划放弃线上业务转而开展线下业务的那一刻。我几乎不敢相信自己的耳朵。

线下业务哪里是把线上业务复制成线下这么简单?

中国地大物博,每个省份都有每个省份的商业规则,每个地方都有自己的运营特色,一个靠互联网起家的公司,怎么敢下定这样的决心?

几个亿砸进去必然血本无归。

我进谏了好几次,都无济于事。我知道,整个高管团队已经被资本绑架了。

高管会上,CEO 高兴地说:"等这个项目做好了,我们就拿麻袋装钱了。"

那是一个下午,我在工位上喝了杯咖啡,然后起身跟石雷鹏说:"我先走了,你们加油。"

我走后没多久,教培行业遇到"双减",投资环境急转直下,再也没有投资人愿意进来接盘。2018 年我们拿到的投资是最后一轮,这意味着,后面的路必须靠自己造血的同时,还要还之前投资人的钱。

线下训练营是最后的退路,如果不成功,就要结束了。

没过多久,我在网上看到各地学生在各个住宿区游行,他们举起了牌子和横幅,要求考虫退费。

那时我在丽江休假养伤,我看到我们用青春维护的品牌遭到践踏,却无能为力。

后来我看到了投入报表,为了压缩成本,学生住宿的床垫子一个才两块钱,上面爬满了虫子。学生校区的厕所门都不修,当地的代理和校长却已经有了自己的鱼缸和茶室。

这是做教育的初衷吗?

但这一切和我无关了,这就像你一直深爱的一个女人,在和你分手后把自己糟蹋到让你心疼的地步,但这和你有关吗?

很快,所有的线下校区关了门。

那之后,谁也没敢再说"麻袋"两个字。

等我回到北京后,见了一次石雷鹏,石雷鹏也问了很多人自己未来要怎么办,但他更相信的是我。

我不担心他找不到工作,一个有技能的人,无非是效力于谁,工作能力不会有问题。我只是跟他说:"人在绝望的时候,多走走,见见朋友,路可能会更宽。"

我是通过一个偶然的机会认识了张爱志,他是橙啦的创始人，橙啦和考虫当时是直接竞争对手。在和爱志喝了两次酒后，我介绍石雷鹏给爱志，那之后，石雷鹏离开了考虫加入了橙啦。

这意味着，考虫的一线顶级名师们，全部离职了。

石雷鹏在他的文章《再见，考虫》里写了："离开是因为人不对，事不对，钱不对。"这几个简单的词语深刻地总结了他离开的原因，也间接说明了在合作中如果缺乏透明、诚信和公正，最终必然会导致分道扬镳。

我有个习惯，所有从考虫离职的老师我都会帮忙找工作，或者介绍朋友。因为在江湖上混久了，酒喝多了，认识的朋友自然多，能帮一个是一个。

有时候一个人稍微主动点，就能获得成功。就比如石雷鹏加入橙啦后，没到几个月，他的抖音粉丝达到了几十万，在抖音平台上获奖无数。

人生路上，最难的往往不是怎样激发短暂的热情，而是如何持续地、不懈地奋斗。这是一条漫长而艰难的道路，但也是通往真正成功的唯一道路。

石雷鹏很有趣，从线下到早期的博客、微博、公众号，再到现在的抖音，他从来没缺席，每一个时代都有他。

石雷鹏的成功,部分在于他的专业知识和幽默风趣的个性,这使得他在任何一个平台都能吸引观众。

他的经历告诉我们,一个超强的、不可替代的技能加上互联网,其实是王炸。

互联网带来的是传播渠道和形式的变化,而非核心技能的改变。个人的本事、知识和才能是根基,这是任何外部变动都无法剥夺的。

5

考虫宣告清算的时候,我和石雷鹏分别在自己家看着新闻,然后不约而同地写了一篇文章,后来都上了热搜。

考虫在清算前,还是退掉了所有学生的学费,给所有员工赔完了 N+1,给所有合作方打完回款,才宣布破产。

轰轰烈烈地来,踏踏实实地走。

那天晚上,我们相约在一家小酒吧,点了杯酒,对视一笑,彼此明白无须多言。

"都会走的。"石雷鹏轻声说道,他的话语中透露出对商业世界无常的深刻理解,"每个人、每个公司都会有高光时刻,也都会悄然离去。重要的不是飞多高,而是要如何安全着陆。"这不仅仅是对考虫的一种告别,也是我们面对未来可能的挑战的一种豁达心境。

我们的价值观最后还是影响了这个世界,虽然离开,但我们曾经来过。

这些年在考虫,虽然没赚到什么钱,但至少我们给这个世界留下了点什么。

两千多万的学生,因为我们的努力,知道了考虫这个品牌,认识了我和石雷鹏。

虽然它已经不在,但人生,体验而已。

石雷鹏的那本《永远不要停下前进的脚步》现在已经卖了十万册,他的第二本书前段时间也已经出版了。

第二本书还是我帮忙做的监制,这本书的质量比之前要好太多,我想了个名字——《走向上的路》,就用这个书名纪念我们的青春吧。

我在帮他做策划的那个会上,问了一个问题:"石麻麻,我们这些年的经历好像都没什么好结果啊,那这算什么呢?"

他说:"算体验啊。"

又说:"没这些体验,你能知道运营是什么?销售是什么?客服怎么做?助教拿多少钱?万一你以后创业了,这些都是冷知识,花钱也买不到的。"

这话真是振聋发聩,是啊,你所有的体验都有意义。

他继续说:"就比如你让我演的猥琐老师,虽然没上映,但是……我后来演的都上映了。"对了,他客串出演电视剧《刺》还拿了五百块片酬,五百块出演了三秒钟,我一算,那一个小时不得拿六十万?

"对了,你写这篇文章的时候一定要标记一下,我的片酬是一个小时六十万,哈哈哈。"

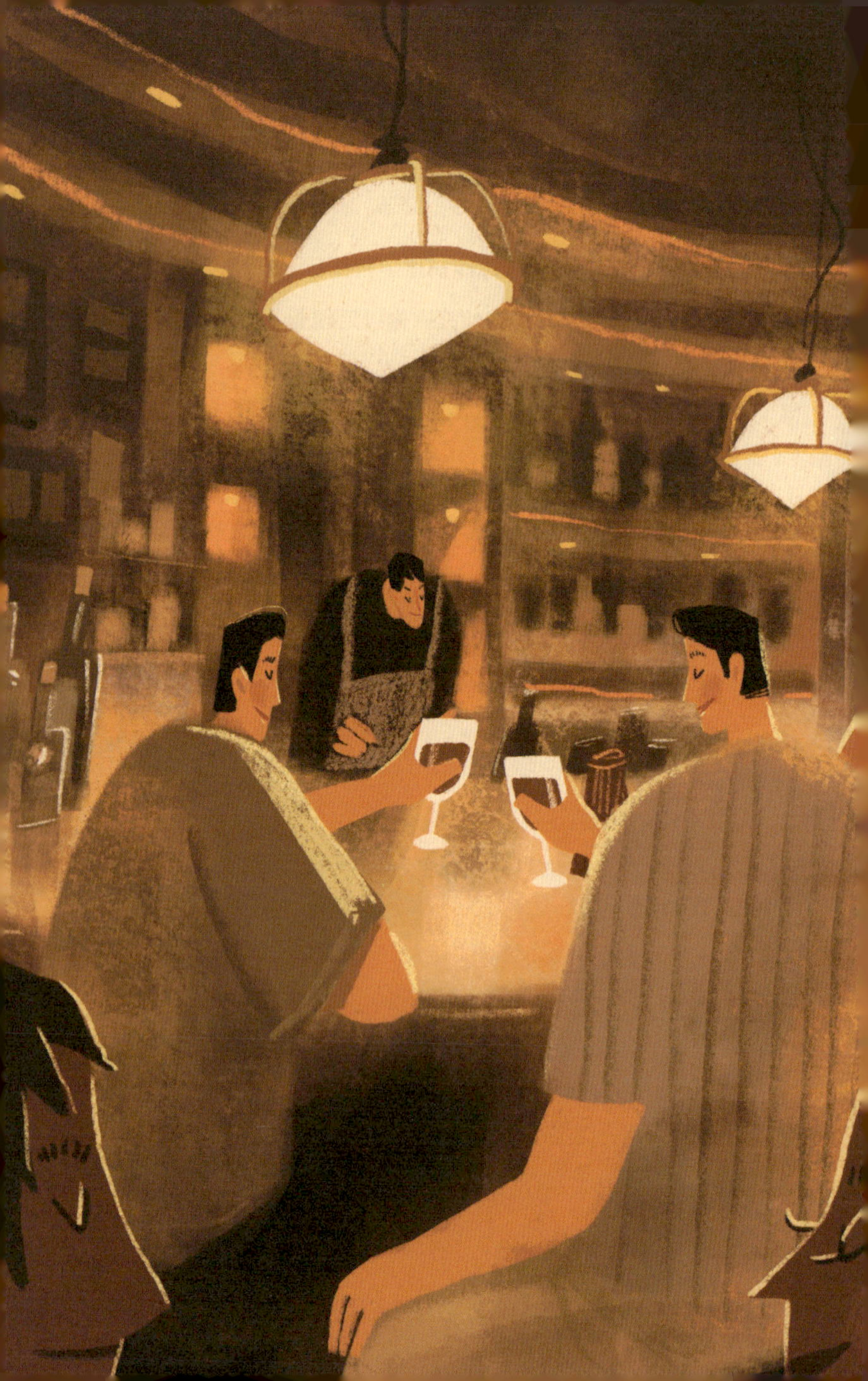

后记：人生，体验而已

1

一晃，我在北京十六年了，认识了很多人，经历了很多事，有些人像过客，有些事如过眼云烟。是时候做一个总结了。写这个后记的时候，我刚过了三十四岁的生日，和一群人嘻嘻哈哈地过了十二点后，还觉得自己是个孩子。当我去体检中心拿到体检报告，看到上面写着"李尚龙，三十四岁"时，才意识到我在这个地球上已经生活了三十四年。

十年前，我开始从事写作，一写就写了十多本书。

如果让我给十年前的自己一句话，我想我会说这么一句话:"大胆体验生活的矛盾和多维,然后保持记录。"

就用这篇文章,做一个后记吧。

为什么要写这本书?因为这些故事一直是埋藏在我灵魂深处的种子,一直想找一个时机发芽。当老师这么多年,我深知道理改变不了人,只有故事能传播到更远,也只有故事能像明灯一样照亮一代人的未来。

于是,我选择写下这些故事和你共勉。这世上的知识存在于这么几个地方:第一是老人的嘴里,第二是书本里,第三是你见过和听过的故事里。第三类,是最难得的。过去很长时间,我都在用前两类信息做素材去创作,我读书多,只要是出自前人和书本的信息,我都能过目不忘、信手拈来,但大多走不进内心,更无法触动自己。写着写着,总容易把自己写疲,我甚至很长一段时间都在问自己:"我到底在写什么?"

直到一天,我翻开了十年前的日记本,上面写着:"我手写我心。"

这五个字,简单又直击人心。可是随着写作技法的成熟,我越来越找不到心在哪儿,我知道我要安静一段时间了,我要让我经历的这些故事通过我的身体和血液,变成感悟,成为第三类的知识,然后再动笔。

德国作家赫尔曼·黑塞说:"文字并不是事物,它们只是知识的影子。"这十六年我最大的感触,就是不要只听别人的陈述和偏见,要去经历和体验。你要有深刻的情感和难忘的经历,然后要努力地记录,这是你来这世界的唯一理由。

在我的床头,一直放着一本黑塞的《悉达多》,书里有句话我一直很喜欢:"知识可以传授,但智慧不行。只有内在的体验,才是最深刻的智慧。"

是啊,你所知道的只是你的衣钵,你所经历的才是你的血肉。

很多我的老读者读我的书,总会感受到一种悲伤的情绪,你们大概能猜出来我是一个承受过痛苦的人。以前我会像祥林嫂一样,看到谁都说一遍。后来我明白,人类的痛苦并不相通,随着年岁增长,我不再多说了,让它们在身体里变成养分,这是一个人变强的动力。

但我很幸运,这些年我所有的痛苦和寂寞,都是文学帮我走出来的。当我开始阅读,开始写作,开始沉浸在一个个汉字中的时候,我就能从痛苦中走出来,哪怕有时候很短暂。但这就是我的救命稻草,抓住它我就能呼吸好久。

去年,在我加入中国作协的时候,主席挑了我发言,我准备了一晚上的"花言巧语",但最终我还是说了实话:"我人生中所有的痛苦和寂寞,都因文学得到了救赎。一次次打字的时候,它都帮助我一次又一次渡过难关。"

所以亲爱的,如果你或你的朋友、家人正处于人生低谷,试着翻开这本书,如果书中能有一句话给了你力量,那并不是我的功劳,而是文学在另一个世界尝试着给你力量,那是我们共同的财富。

再次谢谢你,读到了这里。如果读到这儿还没有弃书,谢谢你,这是我的荣幸。

我父亲曾经看到我坐在电脑旁挥汗如雨地打字,一瓶威士忌见了底,他心想:这打字怎么这么费体力、费酒?于是给我递一条毛巾,才发现我在哭。从那之后,他不再管我喝酒了,也不再管我深夜码字了,因为他知道,儿子没有酒瘾,也不爱熬夜。儿子只是脆弱又敏感,面对生活的残酷又无能为力,而能救儿子的,只有文学。

谢谢文学,能让我走到今天。

2008年,我背着一个包和父亲一起来到北京。父亲离开北京后,我被不喜欢的生活碰得头破血流。那是我人生的黑暗时刻,我像是一棵果树长到了花园里,我找不到自己,也找不到世界的出口。但好在无论遇到什么，我都能想到健步如飞的父亲，他是我最后和最坚定的依靠。

十六年后的今天，父亲和我一起飞往温哥华，他头发斑白，治疗膀胱癌的痛苦让他失去了当兵时雷霆万钧的气势。

我给父母买的都是商务舱，这样他们可以在飞机上躺一会儿。是啊，我也长大到要反哺的年纪了。这些年，我虽然没赚多少钱，但我只要给家人花钱，就会很开心。那如同我的使命，更是我生活中必不可少的温暖。

父亲说，他也是在三十四岁的时候，决定从新疆离开，去了武汉。为了我和姐姐的教育，他咬着牙，从新疆军区最好的财务岗位调动到武汉做一个普通的军官。

我无数次问过父亲：后悔这个决定吗？虽然他无数次对我说"你和姐姐发展得这么好，我怎么会后悔"，但我知道，他一定是后悔的。因为他的战友现在已经是司令、政委等级别的人物了。我原来不知道怎么安慰他，但这本书写到这儿，我终于知道该说什么了——"爸，人生，体验而已。"

我也是在三十四岁这年，突然决定暂停我向上攀爬的事业，决定换个地方、换个思维，出国读书。

我对上学其实一直有一种执念，人一旦有执念，就会做一些奇怪的决定，比如：三十岁后突然想要出国读书。

于是一个人准备资料，自己上网查流程，写个人陈述，找人写推荐信，最后获得了两个录取通知书。

人有时候就是因为有了执念，才有了些坚持，这些坚持最后都成了生命里的光。谢谢这些光，照亮我的前方。

我的大学生活是有遗憾的，我大学读的是军校，军校不像是一般的大学，没有几个女生。哎，这算什么大学？另一个遗憾是我的大学没读完，大四退学了。

在新东方上课的日子，每次看到我的学生，我总会觉得他们太幸福了。每次结课，我都想像他们一样去读一个"正常"的大学，去和老师争论，和同学探讨专业问题，去图书馆挑灯夜读，然后几年后惊艳所有人。

2015年，我拿到了美国南加利福尼亚大学导演系的录取通知书，还有奖学金。本来想那一轮课上完，赚够了学费就走，谁知道，与他们一起又做了考虫。

于是我放弃了出国，写邮件给教授，还记得教授在邮件里说了两次：pity（可惜）。

我一直有一个三十岁后重新去读书的理想，但一直不敢走，因为在北京的事情太多。直到去年九月份，我才下定决心,不拖了。

因为我问过自己无数次,如果我不去,会不会在老年时后悔?

答案是,会,一定会。

所以不拖了,再拖就老了。

三十岁后去留学,其实是一个很冒险的决定,但既然决定了,就不后悔了。

因为站在自己一生的角度,还是要多经历一些事情,才不枉这一生。

我在北京已经十多年了,是时候换个环境生活一段日子了。

世界本身是要由人去打破的。

就像小时候玩的游戏一样,你一开始只能看到一小片地图,但随着你兵强马壮,你还是想去看看外面的世界。

这是抵挡不住的。

2

也要谢谢新东方大愚文化，谢谢王秀荣老师和小婧，让我和新东方再续缘分。

我第一份工作就是在新东方当老师，那段日子每天要上十个小时的课。就是在那段日子，我写了个杂文集，那个杂文集的电子文件被我放在电脑里面，名字是《混乱的一年》。

那一年有多混乱呢？

为了写这篇文章我又打开了那个文件夹，笔记里随便的一句话是这样说的：今天吃了五顿饭，弥补一下昨天只吃了一顿。

再混乱，也要记录，记录是打败混乱最好的方式，记录也是打败遗忘最好的方式。好在我记录了，才能想起那些瞬间。乔治·奥威尔说："记录历史是一种防止人类失去自我的方式。"索尔·贝娄说："保持记日记的习惯，等于把你的人生打包存储，而且标上日期。"

2014年，我被两位兄长从新东方带出来创业，拥抱互联网创业浪潮，在完全不懂什么是互联网的情况下，全心全意加入了那家叫考虫的公司。

这家公司曾经辉煌过，辉煌到连给我们供纸的公司都差点上市，辉煌到全国各地都有我们的学生和传说。

但十年后，这家公司倒闭了，上了热搜。而挂在热搜第一位的，就是我写的一篇文章。

我们到最后还是没有欠任何学生的钱，没有欠合作方的钱，所有员工 N+1 的钱也都赔了。我们打完最后一颗子弹，结束了战斗。

那段日子很悲凉，我因为不懂商业，还特意考了长江商学院的 MBA。其实商业这东西没有人能教你，你只能自己去跌跟头，痛到极致后，自然就反思了。

的确，人是叫不醒的，只能疼醒。

写完以这段创业经历为原型的作品《朝前》后，我自愈了。我知道了，商业的本质是人性，你不懂人性，自然不能懂商业。再次感谢文学，如果没有文学，我走不到今天。

经常有人对我说："李尚龙，你写的励志书和别人不一样，为什么？"

是因为我已经厌倦了那些道理，讨厌那些没有流过我身体的创作，是因为那段日子足够痛、足够难忘，是因为只有独一无二的体验和深入骨髓的经历，才能带来智慧。

考虫倒闭的时候，有人问我："如果这段创业成功了会怎样？"我想，可能我们都成千万富豪了。我现在大概率也不用码字了，我可能找个地方种地了。

但，是不是这段经历没有任何意义呢？

当然不是。

也就是那天，我想到一句话：人生，体验而已。

当我感受到这句话的力量时，我如释重负。我下楼走动时，我看见楼下的树叶都绿了。其实我知道，楼下的树叶一直都绿，只是我根本没心情去看而已。每天追热点，被会议追着跑，哪里会有时间去看自然？

那之后，我惊奇地发现，我的文章写得越来越好，公众号几乎每一篇都是 10 万 + 的阅读量。我也突然发现，好像只有放空了自己，才能走进文学和灵魂的最深处。

很多人惊叹于我的创作力，但我知道，我只是在熟悉的领域里重复自己。如果生命是体验而已，那我是不是应该换一种生活方式？所以，在这本书中，你可能会看到一个不一样的我，和以往都不一样的故事叙述模式，但无论如何希望你喜欢。

3

在我去加拿大之前,我组了个饭局,到场的都是我认识很多年的好朋友。有趣的是,就在当天,一个出版行业的编辑给我打电话约稿。

我说,我们还不认识,我不答应不认识的编辑,要不你来我饭局一起吃个饭。

这位编辑来了之后,一开始还很拘谨,喝了两杯发现我们都是一群精神病,也逐渐开始话多了起来。

她说:"我也不在乎你们是谁,我就是来签李尚龙老师下本书的。"

她说得很自信,完全忘了她只是在打工,她的领导才是做主的。

当然,我的书还是没有在她们的公司过审。她们公司的领导认为我是一个过气作家,肯定写不出畅销书了。

但写到这儿,我已经确定地相信她的领导一定会后悔的(哈哈)。

再后来,我认识了王秀荣老师和小婧,那天她们俩来找我约稿的时候,聊了好一会儿我才说:"我第一份工作也在新东方，这是我老东家。"

她们问我最近在写什么，我想了半天，终于还是决定把这个选题讲给她们听。

这十七个故事里，有每一个普通人，他们面对世界的打击和摧残并没有很好的解决方案，但他们都找到了自洽的方式。

这本书就叫《人生，体验而已》吧。

我刚讲了两个故事，就看见她们俩有反应了，还没讲完，她们就说："李老师，我们签合同吧。"

我说："等我写完。"

接下来的一年里，我努力让我故事里的人物活过来，这是一件很艰难的事情。因为很多故事我只是有了轮廓，要恢复全貌需要重新询问当事人，很多故事的采访并不顺利，因为在那个场景他愿意说，换一个场景他会觉得何必呢。

我打过很多电话，见过很多人，还喝了很多酒（酒真是好东西，能让人愿意说话，让故事鲜活起来）。

有段时间我真的写不动了，编辑送来了两瓶好酒，我很快就出了另一篇稿子。所以谁再说我们写作者没有成本，我就把这些酒瓶子寄到你家（笑）。

终于，定稿了，我如释重负，也算给过去的经历一个交代吧。

过去几年,我知道你和我一样都很不容易,疫情三年,经济下行;家庭不幸,患有抑郁症的人越来越多;生活不顺,想做的没时间做,不想做的却日复一日。

但其实,人生都是体验而已。

到低谷的生活,必然会反弹,你不需要太焦虑。你只需要更勇敢一点,更淡然一些,更乐观一点。

这本书,我跌跌撞撞写了一年,其实素材积累了十六年。这十六年,我在北京的身份一次又一次地转变,让我认识了很多不同圈子的人,我的微信通讯录也从几十个人到现在六千多人。这些经历,为这本书积累了大量精彩的人生素材。谢谢你们。

希望读这本书的你,也能过上精彩的一生。

这本书写得很用力,我不知道自己以后还能不能这么用力地写作。编辑跟我说:"好久没见到这么酣畅淋漓的表达了。"

我也知道,这样进入血液、进入肉体的表达,要经过时间的推移才能得到真实的理解和叙述。

考琳·麦卡洛在她的小说《荆棘鸟》中写道:"记忆是一种会呼吸的东西,它以时间为食。"这是一本呼吸之书,谢谢时间的喂养，让我能体验生命里美好或者不美好的一切。

人的一生总要结束，希望结束前，无论任何的酸甜苦辣，你都可以说一句：人生，体验而已。